A História da MATEMÁTICA

A História da MATEMÁTICA

Anne Rooney

M.BOOKS

M.Books do Brasil Editora Ltda.

Rua Jorge Americano, 61 - Alto da Lapa
05083-130 - São Paulo - SP - Telefones: (11) 3645-0409/(11) 3645-0410
Fax: (11) 3832-0335 - e-mail: vendas@mbooks.com.br
www.mbooks.com.br

Dados de Catalogação na Publicação

Rooney, Anne – A História da Matemática – Desde a criação das pirâmides até a exploração do infinito
2012 – São Paulo – M.Books do Brasil Editora Ltda.

1. História 2. Matemática

ISBN 978-85-7680-133-7

Do original: The Story of Mathematics – From creating the pyramids to exploring infinity
Original publicado pela Arcturus Publishing Limited
ISBN original: 978-1-84193-940-7

Editor: *Milton Mira de Assumpção Filho*

Tradução: *Mario Fecchio*

Produção Editorial: *Beatriz Simões Araújo*

Coordenação Gráfica: *Silas Camargo*

Editoração e Capa: *Crontec*

2012

Sumário

A MÁGICA DOS NÚMEROS

Pense em um número de 1 a 9.
Multiplique-o por 9.
Se você obtiver um número de dois dígitos, some os dois dígitos.
Subtraia 5.
Multiplique o número resultante por ele mesmo.
A resposta é 16.

Como isso funciona? Tudo depende de uma certa mágica dos números: quando se somam os dígitos dos múltiplos de 9 sempre obtemos 9:

9: 0 + 9 = 9
18: 1 + 8 = 9
27: 2 + 7 = 9 e assim por diante.

Segue daí que:
9 - 5 = 4 e 4 x 4 = 16.

Há ainda outras mágicas relacionadas com os números. Há muito tempo, algumas das primeiras civilizações humanas descobriram a estranha e fascinante qualidade de alguns números e as adicionaram às suas superstições e religiões. Os números têm sempre encantado as pessoas, e ainda têm o poder de abrir o universo para nós, fornecendo uma chave para os segredos da ciência. Nossa compreensão de tudo desde o comportamento de partículas subatômicas até à expansão do universo é baseada na matemática.

MATEMÁTICA DESDE O PRINCÍPIO

Os primeiros registros da atividade matemática - além da arte de contar - datam de 4.000 anos atrás. Eles vieram dos deltas férteis do Nilo (Egito) e das planícies entre os dois rios, o Tigre e o Eufrates (Mesopotâmia, hoje Iraque). Sabemos pouco sobre os matemáticos individuais dessas primeiras culturas.

Por volta de 600 a.C., os gregos antigos desenvolveram um interesse pela matemática. Eles foram além de seus predecessores porque estavam interessados em encontrar regras que pudessem ser aplicadas a qualquer problema de um tipo similar. Eles trabalharam com conceitos em matemática que veio a ser a base de tudo o que veio depois. Alguns dos maiores matemáticos de todos os tempos viveram na Grécia e no centro Helênico de Alexandria no Egito.

Quando a civilização grega chegou ao fim, a matemática no Ocidente entrou em uma zona morta. Várias centenas de anos depois, estudantes islâmicos no Oriente Médio assumiram o comando. Bagdá, construída por volta de 750, tornou-se um deslumbrante centro intelectual onde os islâmicos juntaram o que havia dos matemáticos gregos e hindus e forjaram algo novo e dinâmico. Seu progresso foi am-

Toledo na Espanha tornou-se a porta através da qual o conhecimento Árabe entrou na Europa no século 11.

plamente facilitado pela adoção do sistema de numeração hindu-arábico que hoje usamos, e estimulados pelos seus interesses em astronomia e óptica, bem como os requisitos do calendário islâmico e a necessidade de encontrar a direção para Meca. No entanto, as exigências do Islã que em outra época foram um estímulo ao desenvolvimento eventualmente sufocaram o crescimento. A teologia islâmica era contrária à atividade intelectual que era considerada espiritualmente perigosa - porque podia expor verdades que deveriam permanecer ocultas, ou porque desafiava os mistérios centrais da religião.

Felizmente, a presença árabe na Espanha tornou a transferência do conhecimento matemático para a Europa muito fácil. Desde o século 11, textos árabes e gregos foram traduzidos para o latim e se difundiram rapidamente pela Europa.

Havia poucas novidades na matemática na Europa durante a Idade Média. Chegando ao ponto em que poucas pessoas estavam preparadas para levar adiante a matemática, a Europa foi atingida pelo cataclisma da Peste Negra (1347-50). Entre um quarto e metade da população morreu em muitos países Europeus. Só no século 16 é que houve muito progresso, mas então, havia uma avalanche de atividade intelectual, tanto na matemática quanto na ciência, arte, filosofia e música. A invenção da imprensa na Europa acelerou a difusão de novos conhecimentos. Os matemáticos e cientistas europeus começaram a dar forma à moderna matemática e encontraram uma infinidade de aplicações para ela.

Embora esse tenha sido o caminho de muitos desenvolvimentos da matemática atual, muitas culturas se desenvolveram em paralelo, muitas vezes fazendo descobertas idênticas ou comparáveis, mas não contribuindo para a história principal centrada na África do Norte, Oriente Médio e Europa. A China se manteve isolada do resto do mundo por milhares de anos, e os matemáticos chineses se desenvolveram independentemente. As sociedades meso-americanas na América do Sul desenvolveram seus próprios sistemas matemáticos também, mas eles foram eliminados pelos invasores e colonizadores europeus que chegaram no século 16. Os primeiros matemáticos hindus sustentaram a tradição árabe, e nos anos recentes a Índia se tornou uma rica fonte de matemáticos de classe mundial.

Bem no fim da nossa história, um único sistema numérico e um único caráter matemático tem se difundido pelo mundo e matemáticos de todas as culturas, incluindo Japão, Rússia e Estados Unidos, trabalham juntamente com outros da Europa e Oriente Médio buscando objetivos similares. Embora a matemática seja agora um negócio mundial, só recentemente ela veio a se tornar isso.

CAPÍTULO 1

COMEÇANDO
com números

Antes que pudéssemos ter a matemática, precisávamos de números. Os filósofos têm argumentado durante anos sobre o *status* dos números, se eles têm qualquer existência real fora da cultura humana, bem como se a matemática foi inventada ou descoberta. Por exemplo, tem sentido dizer que a área de um retângulo "é" o produto de dois lados, e que isso é verdade independente da atividade dos matemáticos? Ou isso tudo é uma imagem mental, útil para dar sentido ao mundo da forma como o experimentamos, mas não "verdade" em um sentido mais amplo?

O matemático alemão Leopold Kronecker (1823-91) arranjou muitos inimigos quando escreveu, "Deus fez os inteiros; tudo o mais é obra do homem". Qualquer que seja a nossa opinião sobre isso, é com os inteiros positivos – os números inteiros maiores do que zero – que a jornada matemática do ser humano começou.

No princípio... os homens das cavernas podiam pintar, mas podiam eles contar?

Nós regulamos todos os aspectos da nossa vida pelos números, mas não foi sempre assim. O ponteiro dos minutos foi acrescentado aos relógios em 1475, e o ponteiro dos segundos por volta de 1560.

OS ANIMAIS CONSEGUEM CONTAR?

Podiam os mamutes contar quantos eram os seus agressores? Alguns animais aparentemente podem contar até pequenos números. Pombos, andorinhas, ratos e macacos, todos já demonstraram que podem contar pequenas quantidades e distinguir aproximadamente entre quantidades maiores e menores. Muitos animais podem reconhecer também se está faltando um de seus filhotes.

De onde vieram os números?

Os números estão tão ligados ao nosso cotidiano que nós os tomamos como certos. Eles são provavelmente a primeira coisa que você vê de manhã quando olha o relógio, e todos nós enfrentamos uma avalanche de números no decorrer do dia. Mas houve uma época anterior aos sistemas numéricos e contagens. A descoberta – ou invenção – dos números foi um dos passos cruciais no desenvolvimento cultural e civil da espécie humana. Eles possibilitaram a propriedade, o comércio, a ciência e a arte, bem como o desenvolvimento de estruturas e hierarquias sociais – e, naturalmente, jogos, enigmas, esportes, apostas, seguros e até festas de aniversário!

Quatro Mamutes ou Mais Mamutes?

Imagine um homem primitivo olhando uma manada como um almoço em potencial – búfalos, talvez, ou mamutes lanosos. Há muitos deles; o caçador não tem um sistema de numeração e não pode contá-los. Ele tem noção se é uma manada grande ou pequena, reconhece que um mamute isola-

Muitos contra um têm maior probabilidade de garantir um bom resultado e uma refeição para os caçadores somente equipados com armas primitivas.

COMO CONTAR OVELHAS SEM CONTAGEM

À medida que cada ovelha sai do curral, faça uma marca em um osso ou coloque um pedregulho em uma pilha. Quando chega a hora das ovelhas irem dormir, assinale uma marca ou um pedregulho para cada ovelha que chega.

- Se houver pedregulhos ou marcas que não foram assinalados, vá procurar pela ovelha perdida.
- Se uma ovelha morre, elimine um pedregulho ou apague uma marca.
- Se uma ovelha tiver uma cria, acrescente um pedregulho ou uma marca.

do é mais fácil de ser apanhado e sabe que se houver mais caçadores, a caça será mais fácil e mais segura. Há uma clara diferença entre um e "mais do que um", e entre muitos e poucos. Mas isso não é contagem.

A certa altura, torna-se útil quantificar os outros mamutes de alguma forma – ou as outras pessoas para caçá-los. Números precisos ainda não são absolutamente essenciais, a menos que os caçadores queiram comparar suas façanhas.

Tally-Ho!

Continuando, os caçadores de mamutes decidem criar seus próprios animais. Logo que as pessoas começam a ter animais, elas precisam de uma maneira de controlá-los, para saber se todos os carneiros/bodes/iaques/porcos estão em segurança no curral. A maneira mais fácil de fazer isso é fazer a correspondência entre cada animal e uma marca ou uma pedra, usando um registrador (*tally*).

Não é necessário contar para saber se um conjunto de objetos está completo. Podemos olhar rapidamente para uma mesa para 100 lugares e ver instantaneamente se há lugares vazios. A correspondência um a um é aprendida muito cedo pelas crianças que brincam com seus jogos fazendo a correspondência de pinos com furos, ursos de brinquedo com camas e assim por diante, e há muito tempo isso foi aprendido pelo ser humano. Esta é a base da teoria dos conjuntos – segundo a qual um grupo de objetos pode ser comparado com outro grupo. Podemos lidar simplesmente com conjuntos como este, sem um conceito de número. Assim, os antigos fazendeiros podiam mover pedregulhos de uma pilha para outra sem contá-los.

A necessidade de registrar o número de objetos levou ao aparecimento do primeiro marcador, o precursor da escrita. Um osso de lobo encontrado na República Tcheca esculpido com entalhes há mais de 30.000 anos aparentemente representa um tally e é o objeto matemático mais antigo conhecido.

De Dois até Muitos

Uma vara com marcas (ou uma pilha de pedregulhos) que foi desenvolvida para contar carneiros pode ter outras utilidades. Se houver trinta marcas, elas podem também ser usadas para registrar trinta bodes, trinta peixes ou trinta dias. É provável que os tallies tenham sido usados antigamente para contar o tempo – luas ou dias até o nascimento de um bebê, por exemplo, ou do plantio até a colheita. A concretização de que "trinta" é uma ideia transferível e tem algum tipo de independência dos objetos concretos assinala um conceito de número. Após descobrir que quatro maçãs podem ser divididas como duas maçãs para cada uma de duas pessoas, as pessoas descobriram que quatro unidades de qualquer coisa sempre podem ser divididas em dois grupos de dois – e sem dúvida, quatro é igual a duas vezes dois.

Neste ponto, a contagem se tornou mais do que uma simples marcação e os números precisavam de nomes.

Quantos temos? Um trabalhador de uma vinha em Portugal faz uma marca em uma varinha para registrar cada cesto de uvas que passa por ele.

UM, DOIS, MUITOS

Uma tribo do Brasil, os Pirahã, tem palavras somente para "um", "dois" e "muitos". Os cientistas descobriram que, por não ter palavras para os números, isso limita o conceito da tribo quanto a quantidades. Em um experimento, eles descobriram que o Pirahã podia copiar padrões de um, dois ou três objetos, mas cometia erros quando tinha que lidar com quatro ou mais objetos. Alguns filósofos consideram isso a mais forte evidência também para o determinismo linguístico – a teoria de que o entendimento é limitado pela linguagem e que, em algumas áreas pelo menos, não podemos pensar nas coisas para as quais não temos palavras.

Contagens do Corpo

Muitas culturas desenvolveram métodos de contagem usando partes do corpo. Eles indicavam diferentes números apontando para partes do corpo ou para distâncias no corpo seguindo uma sequência estabelecida. Eventualmente, os nomes das partes do corpo vieram a se tornar números e "do nariz até o polegar" poderia significar (digamos) 34. As partes do corpo poderiam ser usadas para representar 34 carneiros, 34 árvores ou 34 unidades de qualquer outra coisa.

Chegando a um Sistema de Números

Fazer uma simples marca para um único objeto contado sobre uma varinha, pedra ou parede de uma caverna serve muito bem para um pequeno número de objetos, mas isso se torna rapidamente inviável. Para que os seres humanos pudessem usar números de uma forma mais complexa do que simplesmente registrar ou contar, precisávamos de métodos que fossem mais fáceis e rapidamente assimiláveis para registrá-los do que uma fileira de marcas ou pontos. Embora possamos apenas imaginar a partir da observação de pessoas não especializadas como os sistemas de contagem verbal se desenvolveram, há uma evidência física na forma de artefatos e registros para o desenvolvimento de sistemas de números escritos.

Os primeiros sistemas numéricos estavam relacionados com marcas (tallies), porque começaram com uma série de marcas correspondendo uma a uma com os objetos contados, assim, "III" ou "..." podem representar o número 3. Por volta de 3.400 a.C., os antigos egípcios desenvolveram um sistema de símbolos (ou hieróglifos) para potências de dez, de maneira que eles usavam uma marca para cada unidade e um símbolo para 10, depois um símbolo diferente para 100, outro para 1.000 e assim por diante até 1.000.000. Dentro de cada grupo, o símbolo era representado até 9 vezes, agrupado em um padrão consistente para se poder reconhecer facilmente o número.

Na Mesopotâmia (onde hoje se situa o Iraque), existiu um sistema similar desde pelo menos 3.000 a.C.

Um sistema de agrupamento simples ainda familiar são os numerais romanos. Os números de 1 a 4 são representados por traços verticais:

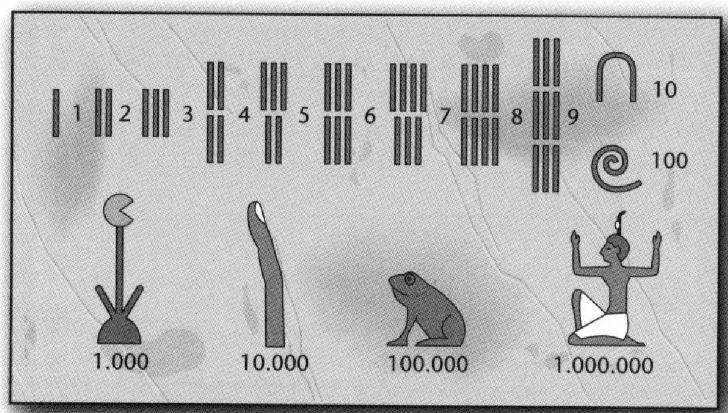

Os hieróglifos dos antigos egípcios representavam números usando potências de dez, e podiam representar números até 9.999.999.

I, II, III, IIII

Os romanos desistiram desse sistema no IIII, mudando para um símbolo para o cinco, V. Mais tarde, eles, às vezes, usavam IV em substituição ao IIII. Neste caso, a posição do traço vertical determina seu significado – cinco menos um. Da mesma maneira, é usado IX para nove (dez menos um).

São usados diferentes símbolos para representar múltiplos de cinco e dez:

V = 5	L = 50	D = 500
X = 10	C = 100	M = 1.000

Os números são formados agrupando unidades, dezenas e assim por diante. Assim, 2008 é representado por MMVIII. Os caracteres para 5, 50 e 500 não podem ser usados mais de uma vez em um número, já que VV é representado por X, e assim por diante.

Alguns números são bastante trabalhosos para se escrever. Por exemplo, 38 é escrito como XXXVIII. O sistema não permite subtração de qualquer coisa exceto o próximo símbolo na sequência numérica, assim 49 não pode ser escrito como IL (50 menos 1); ele tem que ser escrito como XLIX (50 menos 10; 10 menos 1).

O próximo passo é um sistema que, em vez de representar os símbolos para um número (XXX para 30, por exemplo), usa um símbolo para cada um dos dígitos 1 a 9, e isto é usado então com os símbolos para 10, 100, e assim por diante, de modo a mostrar quantos 10, 100 e 1000 estão representados. O sistema chinês atual funciona baseado nesse princípio. Assim:

四十 = 4 x 10 = 40
mas 十四 = 10 + 4 = 14
e 四十四 = 4 x 10 + 4 = 44

Isto é conhecido como sistema de agrupamento multiplicativo. O número de caracteres necessários para representar números é mais regular com esse tipo de sistema. Números de 1 a 10 são mostrados por um dígito; números de 11 a 20 são mostrados por dois dígitos; daí em diante, múltiplos de 10 até 90 são mostrados por dois dígitos (20, 30, etc.) e os outros números até 99 são mostrados por três dígitos. Os numerais romanos, por sua vez, precisam de um a quatro dígitos para os números 1 a 10, e de um a oito dígitos para números até 100.

Sistemas Cifrados

O sistema de hieróglifos descrito acima (veja página 17) foi apenas um dos três sistemas usados no Egito antigo. Havia dois sistemas cifrados: demótico e hierático. Um sistema cifrado não somente tem diferentes símbolos para os numerais de 1 a 9, mas tem também símbolos distintos para cada um dos múltiplos de 10, 100 e 1.000. O sistema hierático é o sistema cifrado mais antigo conhecido. Ele podia expressar números em uma forma muito compacta, mas para usá-lo as pessoas têm que aprender um grande número de diferentes símbolos. Isso pode ter servido para uma finalidade social, mantendo os números como alguma coisa "especial", de forma a privilegiar aqueles que os conheciam detalhadamente, formando uma elite matemática. Em muitas culturas, os números têm sido estreitamente ligados a divindade e magia, e preservar o mistério dos números ajudava a manter a autoridade do clérigo. Até mesmo a Igreja Católica permitiu-se entrar nessa guarda ciumenta dos números na Europa da Idade Média. Outros sistemas cifrados incluem o cóptico, hindu-brâmane, hebreu, sírio e arábico antigo. Sistemas cifrados, muitas vezes, usam letras do alfabeto para representar os numerais.

QUE IDADE TEM A VACA E QUANTO LHE FOI PAGO?

Na Babilônia (do sul do Iraque até o Golfo Pérsico), foram usados dois sistemas de escrita de números. Um deles, o cuneiforme, consiste de marcas em forma de cunha feitas por uma agulha em argila úmida que foi então cozida no forno. Um sistema diferente, curvilíneo, era feito usando a outra extremidade da agulha, que era arredondada. As duas escritas eram usadas para representar números em diferentes finalidades. A escrita cuneiforme era usada para indicar o número de anos, idade de um animal e prestações a serem pagas. A escrita curvilínea era usada para mostrar prestações que já tinham sido pagas.

$(60)^3 \; + \; 11(60)^2 \; + \; (50 - 3)(60) \; + \; 40 - 2$

$(60)^3 + 11(60)^2 + 47\,(60) + 38 = 258.458$

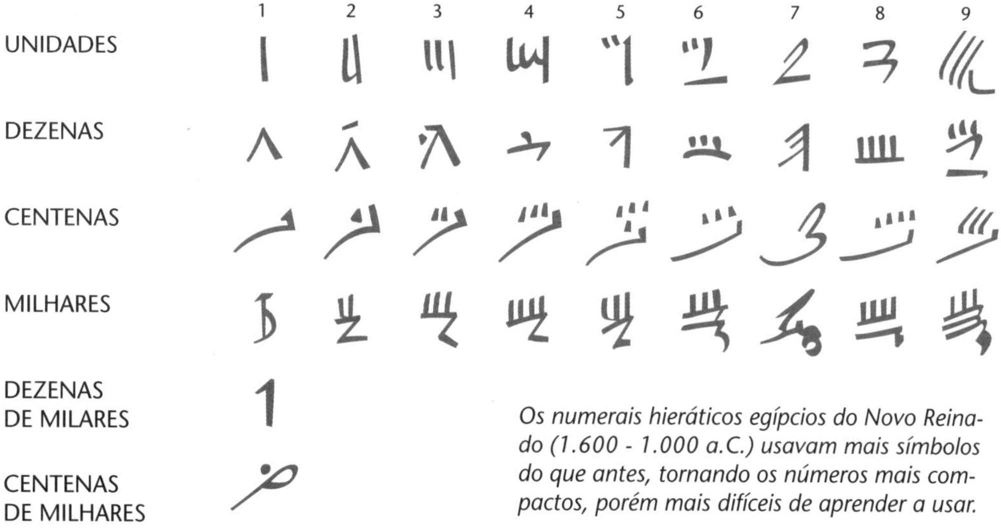

Os numerais hieráticos egípcios do Novo Reinado (1.600 - 1.000 a.C.) usavam mais símbolos do que antes, tornando os números mais compactos, porém mais difíceis de aprender a usar.

	10.000	1.000	100	10	1
54.321 =	5 x 10.000	4 x 1.000	3 x 100	2 x 10	1 x 1
10.070	1 x 10.000	0 x 1.000	0 x 100	7 x 10	1 x 0

Assumindo suas Posições

O sistema posicional de números, como o nosso moderno sistema numérico, depende da posição de um dígito para indicar seu significado. Um sistema posicional deriva de um sistema de agrupamento multiplicativo, como o chinês, omitindo os caracteres que representam 10, 100 e assim por diante, dependendo somente da posição dos numerais para indicar seu significado. Isso só pode funcionar quando houver um símbolo para o zero, pois de outra forma não há uma maneira de distinguir entre números como 24, 204 e 240, um problema encontrado pelos babilônios.

Um sistema posicional pode mostrar números muito grandes porque ele não precisa de novos nomes ou símbolos cada vez que atinge uma potência de 10.

O mais antigo sistema posicional que se tem conhecimento foi desenvolvido pelos sumérios entre 3.000 e 2.000 a.C., mas era um sistema complicado que usava 10 e 60 como bases. Ele não tinha zero até o século 3 a.C., causando ambiguidade e provavelmente confusão. Mesmo após ter introduzido o zero, ele nunca foi usado para números muito grandes, portanto só era possível distinguir entre, digamos, 2 e 200 através do contexto. Isso, às vezes, era fácil e, às vezes, não. Quando alguém dizia: "Eu tenho 7 filhos" provavelmente não seria interpretado como "Eu tenho 70 filhos" –, mas uma afirmação como: "Um exército de 3 homens está se aproximando", contém uma ambiguidade perigosa. Um exército de 300 homens? Sem problemas. Mas 3.000, 30.000 ou mesmo 300.000 são coisas muito diferentes.

Um dos dois sistemas numéricos usados na Grécia Antiga, o mais popular em Atenas, usava letras do alfabeto grego para

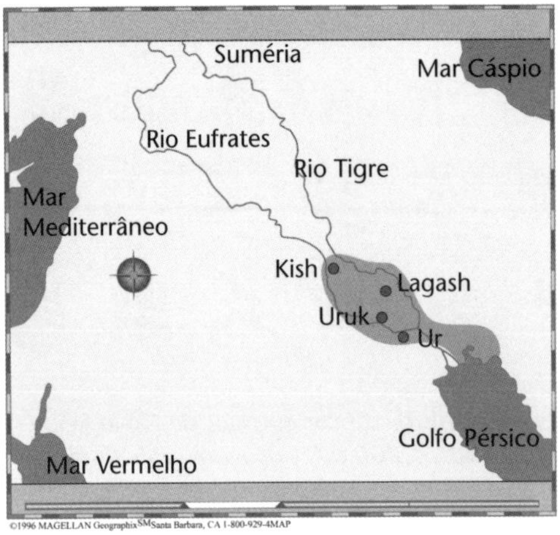

SUMÉRIOS E BABILÔNIOS

A área fértil da Mesopotâmia, entre os rios Tigre e Eufrates, tem sido chamada de berço da civilização. Sendo agora o Iraque, ela foi colonizada pelos sumérios, que nos meados do quarto milênio a.C. estabeleceram talvez a mais antiga civilização do mundo. Os invasores acádios no século 23 a.C. adotaram amplamente a cultura suméria. O período de aproximadamente 2.000 a.C. até 600 a.C. é chamado de Babilônio. Depois, os invasores persas assumiram o controle, mas eles adotaram a cultura da área em vez de substituí-la.

representar números, começando com *alfa* para 1, *beta* para 2, e assim por diante, até 9. Em seguida, eram usadas letras individuais para múltiplos de dez, depois múltiplos de 100, de forma que qualquer número de três dígitos podia ser representado por três letras, qualquer número de quatro dígitos por quatro letras, e assim por diante. Eles não tinham letras suficientes no alfabeto para chegar até 900 com esse sistema, assim alguns dos numerais eram representados por letras antigas que eles não usavam mais na escrita. Para números acima de 999, eles acrescentavam uma marca à direita de uma letra para mostrar que ela deveria ser multiplicada por um fator de 1.000 (como nosso ponto que separa os milhares) ou a letra *mu* como um subscrito para mostrar a multiplicação por 10.000. Para distinguir números de palavras, eles colocavam uma barra sobre os números. Posteriormente, filósofos gregos arranjaram métodos de escrever números muito grandes, não porque eles precisavam deles de forma especial, mas para contrariar os argumentos de que números maiores não poderiam existir por não haver uma maneira de representá-los.

Os maias usavam um sistema posicional completo, com um zero, usado amplamente. O uso mais antigo do zero em uma inscrição maia é do ano 36 a.C. A cultura maia foi descoberta – e, consequentemente, eliminada, juntamente com toda a civilização maia – pelos invasores espanhóis que chegaram à península de Yucatán no início do século 16. O sistema de numeração maia era baseado em 5 e 20 em vez de 10, e tinha também limitações. O primeiro sistema posicional perfeito foi inventado pelos hindus, que usavam um ponto para representar uma posição vazia.

O Nascimento dos Números Hindu-Arábicos

Os números que usamos hoje no Ocidente têm uma longa história e foram originados pelas civilizações do vale do rio Indo, mais de 2.000 anos atrás. Eles foram encontrados pela primeira vez em antigas inscrições budistas.

O uso de um único traço para significar "um" é intuitivo, e não é surpresa, muitas culturas tiveram essa ideia. A orientação do traço varia – enquanto no Ocidente nós ainda usamos o traço vertical hindu-arábico (1), os chineses usam um traço horizontal (-). Mas e os outros números? Os rabiscos que agora usamos para representar 2, 3, 4 e assim por diante?

Os mais antigos, 1, 4 e 6, datam do terceiro século a.C. e foram encontrados nas inscrições do imperador indiano Asoka (elas trazem os pensamentos e feitos do budista da dinastia Mauaria, imperador da Índia, Asoka, o Grande, 304-232 a.C.). As inscrições Nana Ghat do segundo século a.C. acrescentaram 2, 7 e 9 à lista, e 3 e 5 foram encontrados nas cavernas de Nasik, do 1° ou 2° século d.C. Um texto escrito pelo bispo cristão nestoriano, Severus Sebokht, que viveu na Mesopotâmia por volta de 650 d.C., refere-se a 9 números hindus.

1	2	3	4	5	6	7	8	9
—	=	≡	+	𑁖	𑁗	𑁘	𑁙	𑁚

Quando se adiciona uma linha diagonal entre os traços horizontais do "2" brahmi e uma linha vertical à direita dos traços do "3" brahmi, aparecem versões reconhecíveis dos nossos numerais.

Os numerais brahmi eram parte de um sistema cifrado, com símbolos separados para 10, 20, 30, etc.

Mudando para o Ocidente

O escritor árabe Ibn al-Qifti (1172-1242) registra em sua *Chronology of the Scholars* como um aluno indiano entregou um livro para o segundo Abisid Caliph Abu Ja'far Abdallah ibn Muhammad al-Mansur (712-75) em Bagdá, Iraque, em 766. O livro era provavelmente o *Brahmasphutasiddahanta (A Abertura do Universo)*, escrito pelo matemático indiano Brahmagupta em 628. O califa havia fundado a House of Wisdom, um instituto educacional que liderava o desenvolvimento intelectual no Oriente Médio naquela época, traduzindo textos do hindu e do grego clássico para o árabe. Aqui, o *Brahmasphutasiddahanta* foi traduzido para o árabe e os números hindus deram seu primeiro passo em direção ao Ocidente.

A difusão dos numerais indianos pelo Oriente Médio foi assegurada por dois textos muito importantes produzidos na House of Wisdom: *On the Calculation with Hindu Numerals*, do matemático persa al-Khwarizmi (c. 825), e *On the Use of the Indian Numerals*, do árabe Abu Yusuf Yaqub ibn Ishaq al-Kindi (830).

BRAHMAGUPTA (589-668)

O matemático e astrônomo indiano Brahmagupta nasceu em Bhinmal, Rajasthan, no norte da Índia. Ele dirigiu o observatório astronômico em Ujjain e publicou dois textos sobre matemática e astronomia. Seu trabalho introduziu o zero e regras para seu uso em aritmética, e proporcionou uma maneira de resolver equações quadráticas equivalente à fórmula ainda usada hoje:

$$\frac{-b \pm \sqrt{b^2 - 4ac}}{2a}$$

O texto de Brahmagupta, *Brahmasphutasiddhanta*, foi usado para explicar a aritmética indiana necessária para a astronomia na House of Wisdom.

Foi adotado um sistema de contagem de ângulos para representar os numerais de 1 a 9. É fácil ver como os numerais hindus podiam ser convertidos pela adição de linhas de junção para ajustar esse sistema – experimente contar os ângulos nas formas em linhas retas dos numerais que usamos hoje:

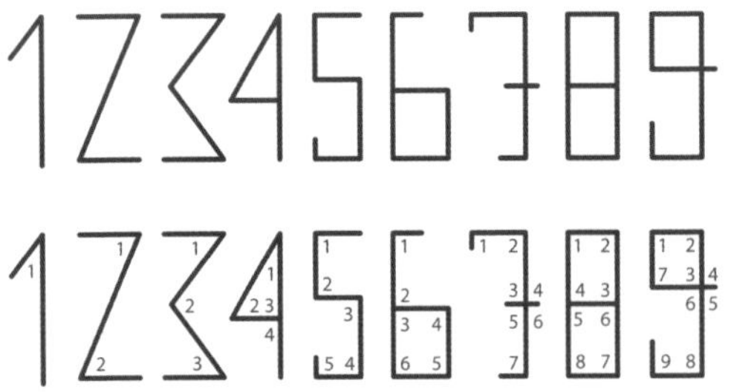

O zero foi adotado quase ao mesmo tempo; o zero, naturalmente, não tem ângulos. Os estudantes árabes imaginaram o sistema posicional completo que usamos hoje, abandonando as cifras para múltiplos de dez usadas pelos matemáticos indianos.

Pouco tempo depois, a nova fusão dos sistemas numéricos hindu-arábicos se difundiu pela Europa, começando pela Espanha, que estava sob o domínio árabe. O mais antigo texto europeu a mostrar os numerais hindu-arábicos foi produzido na Espanha em 976.

Fora, Romanos!

Naturalmente, a Europa já estava usando um sistema numérico quando a notação hindu-arábica chegou à região dos mouros na Espanha. Após a queda do Império Romano no Ocidente, tradicionalmente datada

MUHAMMAD IBN MUSA AL-KHWARIZMI, c.780-850

O matemático e astrônomo persa al-Khwarizmi nasceu em Khwarizm, hoje chamada Khiva, no Uzbequistão, e trabalhou na House of Wisdom em Bagdá. Ele traduziu textos hindus para o árabe e foi responsável pela introdução dos numerais hindus na matemática árabe. Seu trabalho foi depois traduzido para o latim, dando à Europa não apenas os métodos numéricos e aritméticos, mas também a palavra "algoritmo" derivada de seu nome. Quando o trabalho de al-Khwarizmi foi traduzido, as pessoas acharam que ele tinha criado o novo sistema numérico que ele promovia, e este se tornou conhecido como "algorismo". Os algoristas eram aqueles que usavam o sistema posicional hindu-arábico. Eles estavam em conflito com os abacistas, que eram aqueles que usavam o sistema baseado nos numerais romanos e calculavam usando o ábaco.

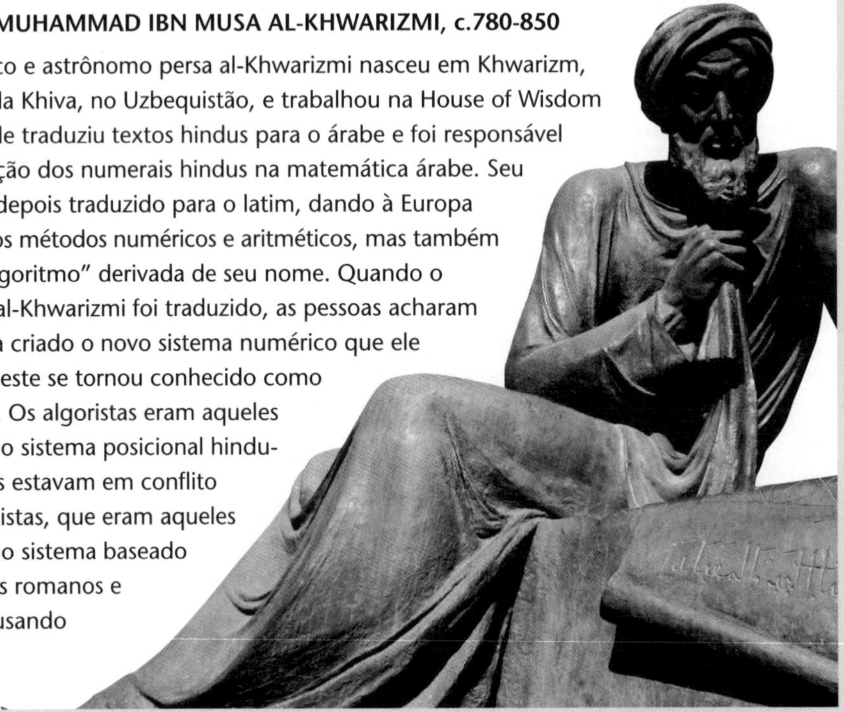

de 476 d.C., a cultura romana estava sendo lentamente desgastada.

O sistema numérico romano não enfrentou desafios por mais de 500 anos. Embora os numerais hindu-arábicos prosperassem em alguns trabalhos produzidos ou copiados no século 10, eles não se popularizaram por longo tempo.

1	I
5	V
10	X
50	L
100	C
500	D
1.000	M

5.000	ↁ
10.000	ↂ
50.000	ↇ
100.000	ↈ

UMA AGITAÇÃO POR NADA

O conceito do zero parece ser a antítese da contagem. Enquanto o zero era apenas a falta de itens contados, ele não precisava ter seu próprio símbolo. Mas ele precisou de um símbolo quando surgiram os sistemas numéricos posicionais. Inicialmente, foi usado um espaço ou um ponto para indicar que nenhum símbolo ocupava o espaço; o uso mais antigo deste método é do segundo milênio a.C. na Babilônia.

Os maias tinham um zero representado pelo símbolo de uma concha:

Isto foi usado pelo menos desde 36 a.C., mas não tinha influência na matemática no Velho Mundo. É possível que os meso-americanos tenham sido as primeiras pessoas a usar uma forma do zero.

O zero chegou ao mundo moderno vindo da Índia. O texto mais antigo conhecido referente ao zero é o jain *Lokavibhaaga*, datado de 458 d.C. Brahmagupta escreveu regras para se trabalhar com o zero em aritmética em seu *Brahmasphutasiddhanta*, definindo, por exemplo, que um número multiplicado por zero resulta em zero. Este é o mais antigo texto conhecido a tratar o zero como um número propriamente dito.

Al-Khwarizmi introduziu o zero no mundo árabe. O nome moderno "zero" veio da palavra árabe *zéfiro* por meio do veneziano (a língua falada em Veneza, Itália). O matemático veneziano Luca Pacioli (1445-1514 ou 1517) produziu o primeiro texto europeu a usar o zero apropriadamente.

Embora os historiadores não contem um "ano zero" entre os anos 1 a.C. e 1 d.C., os astrônomos geralmente o fazem.

Na medida em que o império crescia em extensão e sofisticação, os romanos precisavam de números cada vez maiores. Eles desenvolveram um sistema de colocar figuras em uma caixa, ou três lados de uma caixa, para mostrar que deveriam ser multiplicados por 1.000 ou 100.000. Porém, o sistema não era usado consistentemente, assim:

V poderia significar 5.000 ou 500.000.

A aritmética é virtualmente impossível com numerais romanos e isso levou a sua eventual substituição.

```
XXXVIII +
    XIX
----------
   LVII     (38 + 19 = 57)
```

Para fins de contabilidade, cobrança de impostos, senso populacional e outras coisas, os contadores romanos sempre usaram o ábaco. Os numerais hindu-arábicos ofereciam uma vantagem considerável, porque o sistema posicional tornou muito fácil

> **LETRAS DO EXTERIOR**
>
> Os romanos usavam numerais escritos antes de serem capazes de ler e escrever uma linguagem. Eles adotaram os números dos etruscos, que dominaram Roma por, aproximadamente, 150 anos. Quando os romanos mais tarde conquistaram a cidade de língua grega de Cumas, eles aprenderam a ler e escrever. Eles então adotaram os numerais que haviam absorvido dos etruscos para formar as letras romanas.

a aritmética com números escritos. Tanto Fibonacci (Leonardo Pisano, c.1170-1250) quanto Luca Pacioli, ambos muito conhecidos por outras conquistas, foram muito importantes na popularização do sistema hindu-arábico, particularmente entre os comerciantes e contadores. Mesmo assim, foram necessários vários séculos e uma luta considerável para que a Europa passasse completamente a usar o sistema hindu-arábico (veja Números Impronunciáveis, página 59).

Fibonacci, o matemático italiano, conheceu os numerais hindu-arábicos quando ainda era um garoto viajando pelo Norte da África com seu pai, que era comerciante.

Os numerais romanos continuaram sendo usados por muitos anos depois de serem substituídos nas funções matemáticas. Eles ainda são usados muitas vezes em mostradores de relógio, por exemplo, e para mostrar datas de *copyright* de filmes e de alguns programas de TV.

> *"Os nove números indianos são:*
> *987654321*
> *Com esses nove algarismos, e com o sinal 0... qualquer número pode ser escrito."*
>
> Fibonacci, Liber Abaci, 1202

Ainda Não Acabou

Seria um erro pensar que nossos números pararam de evoluir. No último século, nós vimos o desenvolvimento, e subsequente declínio, do zero com uma barra cortando-o, Ø, para diferenciar do "O" maiúsculo nas impressões de computadores, e a representação dos dígitos como uma coleção de linhas retas de forma que possam ser mostradas por barras iluminadas em um mostrador de LED. Foram desenvolvidos também conjuntos de caracteres legíveis pelos computadores para uso em cheques e outros documentos financeiros, levando nossos numerais para além de suas origens manuscritas.

CRONOGRAMAS

Frases que incorporam um número em algarismos romanos – cronogramas – muitas vezes foram usadas em tumbas e livros. Escolhendo certas letras e reorganizando-as, é revelada uma data. Por exemplo, *My Day Is Closed In Immortality* é um cronograma comemorativo da morte da Rainha Elizabeth I da Inglaterra, em 1603. As letras maiúsculas MDCIII da frase, quando colocadas juntas, correspondem a 1603. Uma moeda cunhada pelo rei Gustavus Adolphus em 1627 inclui a inscrição em latim *ChrIstVs ergo trIVMphVs* ("Cristo, o Líder, portanto triunfante") é um cronograma para MDCXVVVII, ou 1627.

Luca Pacioli era um frade franciscano: neste retrato, feito por Jacopo de Barbari (c.1495), ele está demonstrando um dos teoremas de Euclides.

Além disso, desenvolvemos novos tipos de notação para escrever números tão grandes que nossos ancestrais não poderiam imaginar um uso para eles (veja páginas 30-37).

NÚMEROS VERBAIS

Um novo sistema para escrever números, e principalmente para introduzi-los em uma calculadora ou outra máquina, foi desenvolvido em 1993 por Jaime Redin. Chamados de "números verbais", pretendia ser mais intuitivo e mais rápido de usar do que o sistema posicional padrão. Por exemplo, o número 4.060.087 seria escrito 4M60T87 e seria introduzido em uma calculadora pressionando-se 4-M (para milhões)...60-T (para milhares)...87. O número 4.000.007 seria escrito como 4M7 e introduzido como 4 -M 7.

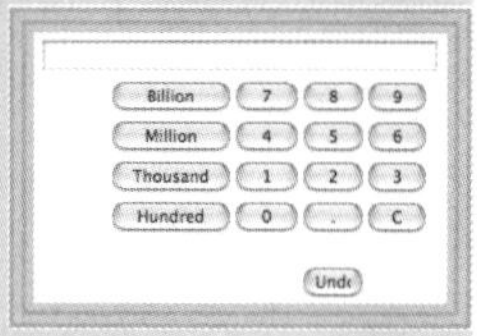

Os códigos de barras usam linhas de diferentes espessuras para representar números: esses códigos são lidos por scanners *computadorizados que os "veem" como números.*

Números e bases

Nós usamos um sistema numérico baseado em 10, chamado de sistema decimal. Porém, qualquer sistema que usássemos poderia ser chamado de "base 10", porque essa é a maneira como definimos "base" – é o ponto onde deixamos de contar unidades e começamos a contar grupos. Em um sistema numérico posicional, significa que começamos reutilizando dígitos com "10" significando "todos os dígitos que temos, mais 1". Em um sistema base 2, o 2 é representado por 10, e em um sistema base 5, o 5 é representado por 10. Para nós, "9+1" é representado por 10.

Dedos e Polegares

Provavelmente, desenvolvemos nosso sistema decimal porque a maioria das pessoas tem dez dedos. Embora pareça muito óbvio que podemos contar com nossos dedos, diferentes culturas através dos tempos desenvolveram diferentes maneiras de fazê-lo. Os dedos podem ser estendidos ou dobrados para indicar um número; as juntas podem ser contadas também como dedos; uma mão pode ser usada para mostrar dezenas e outras unidades, ou pode ser necessária a interação entre pessoas – segurando ou puxando os dedos, por exemplo.

Um sistema altamente desenvolvido, mais complicado do que a contagem comum pelos dedos, foi usado na Europa e no Oriente Médio. Era mais parecido com uma linguagem de sinais, e permitia a contagem até 10.000 ou mais, fazendo diferentes formas com os dedos. Evidentemente foi usado por longo tempo, uma vez que é descrito pelo escritor inglês do século 7, Venerável Beda (c. 672-735), e em um dicionário persa do século 16, *Farhnagi Djihangiri*.

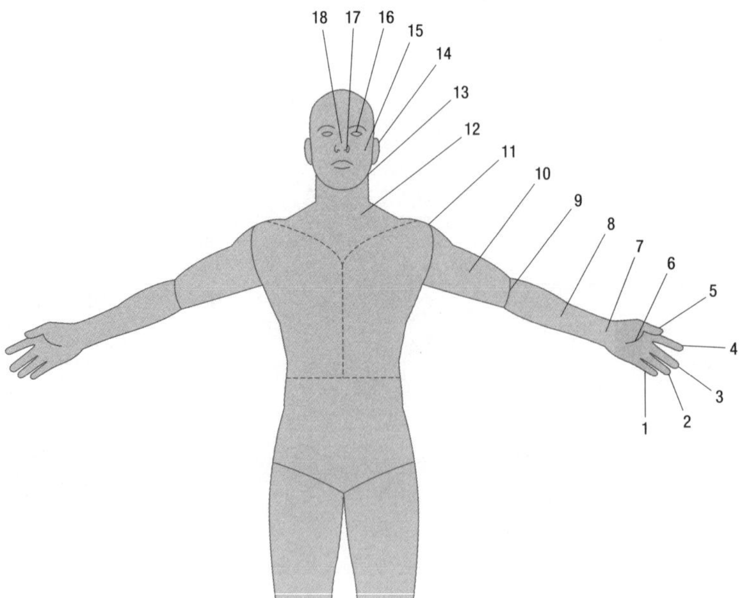

As pessoas não contam apenas com os dedos. Esse sistema de contagem pelo corpo é usado pelos Fasu da Papua Nova Guiné.

PECHINCHA ORIENTAL PELOS DEDOS

Sistemas secretos de pechincha com os dedos foram difundidos entre Argélia e China durante séculos. Os dois participantes precisavam saber o preço aproximado que estavam negociando – se seria em unidades, dezenas, centenas ou milhares. Um negociador seguraria o dedo indicador do outro para indicar 1 (ou 10, ou 100), os dedos indicador e médio para indicar 2 e assim por diante. Apertando a mão inteira significa 5. Em diferentes locais foram usados métodos diferentes para os números acima de 5. Em alguns lugares, por exemplo, o 6 era indicado segurando duas vezes os dedos para 3, em outros, segurando o polegar e o dedo mínimo. Muitas vezes, os negociadores ocultavam as mãos em uma luva ou as escondiam em um robe para que as outras pessoas não pudessem ver qual foi o preço combinado.

A linguagem internacional do comércio: um turista pechincha com um vendedor de arte local próximo ao local do Exército de Terracota, em Xian, China.

De Volta à Base

Apesar do recurso óbvio dos dedos como auxílio para a contagem, nem todas as culturas têm usado o sistema decimal de contagem. Sem dúvida, devemos muitos de nossos pesos e medidas estranhos a culturas que usavam diferentes sistemas de contagem.

O sistema binário, ou base 2, é usado pelos computadores porque ele pode designar um dentre dois estados, VERDADEIRO/FALSO, ou representar uma tensão negativa ou positiva. Mas já houve seres humanos usando sistemas binários. Algumas das tribos mais antigas da Austrália usam um sistema de contagem no qual os nomes dos números são definidos em relação a dois e um. A Gapapaiwa de Milne Bay tem *sago* "um", *rua* "dois", depois *rua ma sago* para "três", que é literalmente, "dois e um", e *rua ma rua* ou "dois e dois" para "quatro", *rua ma rua ma sago* (dois e dois e um) para "cinco". Embora seja diferente do sistema binário dos computadores, já que aqui se usa um e dois em vez de zero e um, ainda assim há apenas dois números distintos.

Os povos indígenas da Terra do Fogo e partes da América do Sul têm usado sistemas numéricos com bases três e quatro. Os sistemas de base 4 podem ter surgido porque quatro é o maior número de itens em uma fila que a maioria das pessoas pode intuitivamente avaliar sem contar. Por essa razão, o método de contagem de "cinco em cinco" foi amplamente usado para qualquer coisa, desde contar carneiros em um pasto até dias passados na prisão.

𝍸 𝍸 𝍸 ||

= 5 + 5 + 5 + 2 = 17

Há muitas maneiras de contar com os dedos. A mais comum usa base 5 ou base 10.

Essa "regra do quatro" está por trás de muitas esquisitices culturais. Na Roma antiga, por exemplo, os primeiros quatro filhos recebiam nomes "próprios", como, por exemplo, Marcus ou Julius, mas depois do quatro eram dados nomes de números: Quintus (quinto), Sextus (sexto), Septimus (sétimo) e assim por diante.

Algumas culturas usam um sistema de base 5, incluindo aqueles que falam Saraveca, uma linguagem dos índios arauaques sul-americanos, os ilongotes, uma tribo caçadora de cabeças das Filipinas, e algumas sociedades indonésias. Os incas tinham um sistema quinário com nomes para números até pelo menos 10.000. É fácil entender como um sistema base 5 poderia ter evoluído pela contagem dos dedos de uma das mãos.

Outros sistemas comuns são base 6, duodecimal (base 12) e vigesimal (base 20). Bases 12 e 20 muitas vezes foram usadas com outras bases em um sistema complexo, onde um número base pequeno é usado para números pequenos (até 5 ou 10), e uma base maior para números além de certo limite. Remanescentes de linguagem de um sistema base 20 existem na língua francesa, onde "quatre-vingts", por exemplo, significa 80. Vestígios do sistema base 12 estão em todas as partes ao nosso redor, com a dúzia (12) a grosa (144 = 12 x 12), as 12 polegadas de um pé e os 12 meses do ano.

Os antigos sumérios tinham um sistema sexagesimal – usava a base 60. Está claro que é muito difícil lembrar 60 nomes diferentes para os dígitos, assim para números menores eles usavam a base 10. Dos babilônios, ainda conservamos os 60 segundos em um minuto e 60 minutos em uma hora; quando escrevemos 2h 14min 38seg, estamos usando seu sistema base 60. Não está bem claro por que eles usaram 60, mas sessenta tem muitos fatores (números pelos quais ele pode ser dividido), tornando esse número útil como base. Os matemáticos árabes usavam a base 60 em astronomia, usualmente convertendo para decimal em cálculos difíceis e depois voltando para 60 para expressar o resultado final.

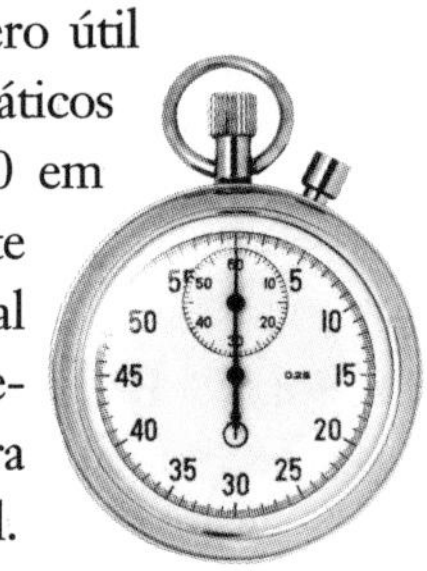

Quantos Dedos um Computador Tem?

Para bases maiores do que 10, precisamos nos apoiar em outros símbolos para denominar dígitos que não temos em nosso sistema decimal. Os computadores contam em binário ou em hexadecimal (base 16 = 2^4). Para representar os números entre 9 e 10 (=16) em notação hexadecimal, usamos letras do alfabeto.

Equivalente decimal	1	2	3	4	5	6	7
Base 2 (binário)	1	10	11	100	101	110	111
Base 3	1	2	10	11	12	20	21
Base 4	1	2	3	10	11	12	13
Base 5	1	2	3	4	10	11	12
Base 6	1	2	3	4	5	10	11

Decimal	9	10	11	12	13	14	15
Hexadecimal	9	A	B	C	D	E	F
Decimal	16	17	18	19	20	21	22
Hexadecimal	10	11	12	13	14	15	16
Decimal	23	24	25	26	27	28	29
Hexadecimal	17	18	19	1A	1B	1C	1D
Decimal	30	31	32	33	34	35	36
Hexadecimal	1E	1F	20	21	22	23	24

Está claro que todos os números acima de 10 significam coisas diferentes dependendo da base usada, portanto há muito espaço para confusão: "11" em hexadecimal significa 17 em decimal. Os livros de computação muitas vezes usam o símbolo "jogo da velha" (#) antes dos números hexadecimais, assim "#11" = 17 (e 23 seria representado como #17).

Devido aos computadores contarem em hexadecimal, estamos começando a ver surgir alguns números estranhos em nossa vida diária. Embora ainda compremos ovos por dúzias, podemos também comprar uma placa de memória contendo 512 MB de capacidade de armazenamento, ou um iPod com 8 GB de armazenamento. O sistema decimal ainda não foi aceito completamente, de forma alguma.

CONTAGEM NOS *CARTOONS*

Os personagens dos *cartoons* muitas vezes são desenhados com três dedos e um polegar. Se ficássemos todos parecidos com o Homer Simpson (talvez menos amarelos, mais magros e com mais cabelo), poderíamos usar um sistema de contagem base-8 no qual "10" rosquinhas na verdade seriam apenas oito rosquinhas.

Muitos itens são comercializados em quantidades que não se relacionam com o sistema decimal – como por exemplo ovos, que são vendidos por dúzias.

QUANDO 1.000 NÃO É 1.000?

Embora por conveniência pensemos que um kilobyte é igual a 1.000 bytes e um megabyte são 1.000 kilobytes, os termos são ambíguos e significam números diferentes em diferentes contextos. Devido aos computadores trabalharem em binário, um kilobyte muitas vezes significa 1.024 (=2^{10}) bytes e um megabyte significando 1.024 kilobytes (=1.048.576 bytes). Mas eles podem também significar 1.000 bytes e 1.000.000 bytes respectivamente. Para tentar entender a confusão, novas unidades de mebibytes e kibibytes foram introduzidas em 1998. Um kibibyte significa agora oficialmente 1.024 bytes e um kilobyte corresponde a 1.000 bytes; um mebibyte são 1.48.576 bytes e um megabyte são 1.000.000 bytes.

Mas ainda reina a confusão. No uso comum, um megabyte são 10^6 bytes (1.000.000) quando se mede espaço de disco rígido, são 2^{20} (1.024 x 1.024) bytes quando se mede memória de computador e muitas vezes tamanho de arquivos, e 1.024.000 (1.000 x 1.024) quando se mede capacidade de flash drives USB ou os velhos disquetes de 1,44 MB. Em qualquer sistema, um byte = 8 bits.

Mais números, grandes e pequenos

Os primeiros números que os seres humanos usaram relacionavam-se diretamente a objetos do mundo real; eles eram os inteiros positivos. Mas estes não são os únicos números que conhecemos hoje. Com o passar do tempo, desenvolvemos maneiras de quantificar uma ausência com números negativos, mostrar fragmentos ou porções que são menores do que um, e representar números tão grandes que eles sobrecarregam nossos sistemas normais para escrever números. Desenvolvemos até uma maneira de falar sobre números imaginários (complexos).

Inteiros

São os números inteiros positivos e negativos, que se estendem infinitamente em ambas as direções a partir do zero (e incluindo o zero). Os números inteiros positivos são chamados de números naturais. Os números naturais têm um *status* especial porque podem ser relacionados um a um com objetos indivisíveis no mundo real. Por conveniência, infinito é o nome dado ao maior número possível, o fim da contagem – embora esteja claro que isso nunca poderia existir, uma vez que por maior que um número possa ser, sempre poderíamos somar mais um, e mais um, e assim por diante. O infinito é representado pelo símbolo ∞, que foi usado pela primeira vez por John Wallis em seu livro *De sectionibus conicis* (*Sobre as seções cônicas*), publicado em 1655.

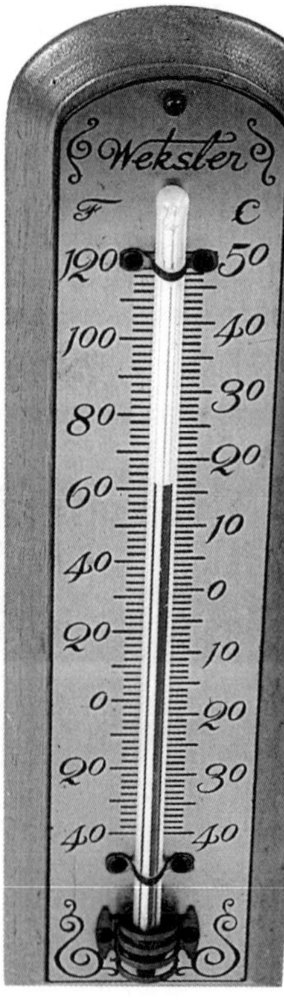

A escala em um termômetro se estende para temperaturas negativas e positivas, e é uma aplicação familiar dos números negativos.

Menor do que zero

Os números negativos não se relacionam diretamente com o mundo físico porque não pode-

> *"Deus criou os inteiros. Tudo o mais é trabalho do Homem".*
> Leopold Kronecker, 1823-91

mos contar um número negativo de objetos – não podemos ver "menos duas vacas", por exemplo. Mas quando aparecem os conceitos de propriedade, os números negativos têm um significado. Eles foram usados pela primeira vez para indicar um débito (dívida em dinheiro ou bens). Eles são usados também em alguns tipos de medidas em escalas, como por exemplo, a temperatura.

Números negativos foram mencionados pela primeira vez em um texto chinês chamado *Fiuzhang suansbu (Os Nove Capítulos sobre a Arte Matemática)*. Ele foi compilado por vários autores entre o século 2 a.C. até o primeiro século d.C. O manuscrito Bakshali, um texto indiano de data incerta, mas não posterior ao século 7, também usa números negativos, embora eles sejam indicados confusamente por um sinal de "+". O sinal menos foi usado pela primeira vez para indicar um número negativo por Johannes Widmann, em 1489. Foi através dos textos hindus que os números negativos entraram na matemática do ocidente.

As Partes e o Todo

Algumas coisas não são divisíveis – não podemos falar sobre duas pessoas e meia ou três quartos de um grão de areia. Mas muitas coisas – e a maioria das medidas – podem ser divididas em porções menores do que uma unidade. Um pão pode ser dividido ao meio, uma pessoa pode beber um terço de uma garrafa de vinho, ou uma vara pode ter o comprimento de um meio metro. As frações são uma maneira útil de expressar o tamanho de uma porção.

As frações podem ser expressas como um número (o numerador) dividido por outro (o denominador), como por exemplo 1/4 (um dividido em quatro partes). Uma fração também é chamada de número racional porque ela expressa a relação entre dois números – assim 1/4 mostra a relação 1:4. Em uma fração decimal, números após o ponto decimal indicam décimos, centésimos, milésimos e assim por diante, de acordo com a posição ocupada pelo número.

Frações decimais podem expressar números irracionais – aqueles que não representam uma relação entre dois números inteiros e têm um número infinito de dígitos após o ponto decimal. Os números irracionais causaram problemas para muitos matemáticos da antiguidade (veja página 59). O matemático e poeta persa Omar Khayyam (1048-1131) aceitava todos os números positivos, racionais e irracionais.

Muitas coisas podem ser divididas em porções cada vez menores – mas um pão dividido em migalhas não tem muita utilidade.

> "Sexagesimais e hexadecimais devem ser usados ocasionalmente ou nunca na matemática, e milésimos e milésimos, centésimos e centésimos, décimos e décimos, e progressões similares, no sentido ascendente e descendente, devem ser usados frequentemente ou exclusivamente."
>
> François Viète, 1579

Abaixo e Acima da Barra

Os egípcios usavam uma forma única e confusa de frações por volta de 1.000 a.C., e os gregos seguiram seu exemplo 500 anos mais tarde. Na Índia, matemáticos Jain escreveram as operações com frações na *Sthananga Sutra* (c.150 a.C.).

A forma moderna de escrever frações com uma barra ou vínculo dividindo o numerador e o denominador vem do método hindu de escrever um numeral sobre outro, usada na *Brahma-sphuta-siddhanta* (c.620). Os matemáticos árabes acrescentaram a barra para separar os dois números. O primeiro matemático europeu a usar a barra de frações da forma como ela é usada hoje foi Fibonacci (c.1170-1250).

Indo ao Ponto

Frações decimais foram registradas em unidades hindus de medida por volta de 2.800 a.C. Pesos encontrados no sítio arqueológico de um povoado chamado Lothal na área do Vale do Indo (hoje Gujarat) têm os valores de 0,05, 0,1, 0,2, 0,5, 1, 2, 5, 10, 20, 50, 100, 200 e 500 unidades (uma unidade de aproximadamente 28 gramas ou uma onça). Abu'l Hasan Ahmad ibn Ibrahim al-Uqlidisi (c.920-80) escreveu o primeiro texto árabe conhecido sobre o uso das frações decimais. No século 12, o matemático iraniano Ibn Yahya al-Maghribi al-Samaw'al criou um tratamento sistemático sobre como usar frações decimais para dar valores aproximados para números irracionais.

Os decimais chegaram muito mais tarde à Europa. Francesco Pellos escreveu um tratado publicado na Itália, em 1492, que parece usar um ponto decimal para separar unidades de dezenas, mas seu trabalho não mostra um entendimento rigoroso do que ele fez. Cristoff Rudolff, escrevendo em um texto de contabilidade germânica em 1530, foi o primeiro a mostrar um total entendimento sobre como trabalhar com frações decimais, embora ele tenha usado uma barra vertical em lugar de um ponto decimal. O primeiro tratado europeu sobre decimais foi produzido por Simon Stevin, em 1585, e cabe a ele o crédito em geral pela introdução de frações decimais na Europa. Stevin usou uma notação diferente

A estátua de Simon Stevin em Bruges. Além de seu trabalho em ciência e matemática, ele inventou o primeiro land yacht *que podia se locomover tão rápido quanto um cavalo.*

daquela que usamos hoje, escrevendo 5,912 na forma:

5 ⓪ 9 ① 1 ② 2 ③

O matemático francês, François Viète (1540-1603), experimentou várias maneiras para escrever frações decimais. Ele experimentou colocar a parte fracionária mais acima e sublinhada (627,125 $^{\underline{512,44}}$), e mostrando a parte decimal como uma fração (627,125 512,44/1.000,00), experimentou usar um traço vertical para separar as partes inteira e decimal (627,125|512,44) e mostrando a parte inteira em negrito (**627,125**,512,44). Mas esse método acabou emperrando. O uso impresso do ponto decimal mais antigo se deve a Giovanni Magini (1555-1617), um produtor de mapas italiano, astrônomo e amigo de Kepler, que o utilizou em 1592. Apesar disso, não foi aceito até que John Napier o utilizou em suas tabelas de logaritmos mais de vinte anos depois. Napier sugeriu em 1617 que o ponto final ou vírgula poderia ser usado, e escolheu o ponto em 1619, embora muitos países europeus tenham adotado a vírgula como separador decimal.

François Viète trabalhou para a corte de Enrique de Navarra. Decifrando um código usado pelos espanhóis, permitiu aos franceses ler os despachos do inimigo.

FRAÇÕES EGÍPCIAS

Os egípcios tinham uma maneira estranha de trabalhar com frações. Eles tinham caracteres especiais para meio, , e dois terços, . Consequentemente, uma fração era indicada pelo caractere  escrito acima do denominador, que era mostrada usando os símbolos egípcios para números. Assim,  significa 1/7.

Porém, com exceção de 2/3, os egípcios usavam somente frações unitárias (aquelas com numerador igual a 1); não havia uma maneira de mostrar um numerador, assim era impossível escrever 2/5 ou 3/2. Para complicar ainda mais as coisas, não era permitido repetir uma fração – assim 2/5 não podia ser escrito como 1/5 + 1/5. Em vez disso, era necessário encontrar uma maneira de fazer 2/5 a partir de frações unitárias:

2/5 = 6/15 = 5/15 + 1/15 = 1/3 + 1/15

TERMOS GOOGOL E GOOGOLPLEX

Os termos "googol" e "googolplex" foram inventados por Milton Sirotta (1911-1981), o sobrinho de 9 anos do matemático Americano Edward Kasner (1878-1955). Um googol é 1 seguido de 100 zeros; um googolplex é 1 seguido de um googol de zeros.

Esses números são incrivelmente grandes. No universo conhecido há menos de um googol de partículas fundamentais (partículas fundamentais são as partículas subatômicas; deve haver 10^{81} no universo). Se você pudesse escrever um googolplex com tipos padrão de 10 pontos, ele seria 5 x 10^{68} vezes mais longo do que o diâmetro do universo conhecido, e escrevendo à razão de 2 dígitos por segundo, seria necessário 10^{82} vezes a idade do universo para se completar a tarefa.

Cada Vez Maiores

Embora as frações e os decimais proporcionem uma maneira de escrever números muito pequenos, os desenvolvimentos na ciência geraram a necessidade de encontrar maneiras de representar e tratar sobre números cada vez maiores.

A notação científica usa potências de dez para representar números muito grandes e muito pequenos. Uma potência de dez mostra quantos dígitos vêm antes ou depois do ponto decimal. Por exemplo, 10^{18} é 1 seguido de 18 zeros. Na outra direção, 10^{-18} é um ponto decimal seguido de 18 dígitos, sendo que os primeiros 17 são zeros e o último é 1. Isso pode ser estendido para mostrar outros números como múltiplos de uma potência de dez. Por exemplo, 10^3 = 1.000 e então 6,93 x 10^3 = 6.930 e 6,93 x 10^{-3} = 0,00693. A notação científica é muito mais fácil de entender, e mais compacta para escrever, do que uma longa fileira de dígitos.

O primeiro uso da notação científica não é conhecido, mas já era corrente em 1863, quando uma enciclopédia incluiu o seguinte texto:

"uma força corrente igual a 10.000.000.000 vezes o valor dado pelo quociente de 1 metro por 1 segundo de tempo, ou seja, 10^{10} metros/segundos".

John Napier, o inventor dos logaritmos, acreditava que o mundo se acabaria em 1688 ou 1700.

O CALCULISTA DE AREIA

Naquilo que foi efetivamente um dos primeiros trabalhos de pesquisa, Arquimedes vangloriava-se, no século 3 a.C., que ele poderia escrever um número maior do que o número de grãos de areia que seriam necessários para preencher o universo. Ele podia fazer isso usando o novo sistema de numeração jônico e sua própria notação, que com efeito usava potências e era baseada na "miríade", ou 10.000. Ele trabalhou com potências de uma miríade, ou 100.000.000. A estimativa de Arquimedes sobre o tamanho do universo, embora muito maior do que os números anteriores, estava próxima das estimativas modernas. Seu número de grãos de areia era 8×10^{63}.

Notação científica	Nome nos Estados Unidos	Nome na Europa	Nome no Brasil
10^{3}	Thousand	Thousand	Milhares
10^{6}	Million	Million	Milhões
10^{9}	Billion	1000 million (billion)	Bilhões
10^{12}	Trillion	Billion	Trilhões
10^{15}	Quadrillion	1000 billion	Quatrilhões
10^{18}	Quintillion	Trillion	Quinquilhões
10^{21}	Sextillion	1000 trillion	Sextilhões
10^{100}	Googol	Googol	Googol
10^{303}	Centillion	–	–
10^{600}	–	Centillion	Centilhão
10^{googol}	Googolplex	Googolplex	Googolplex
10 à potência 10^{100}, ou 1 seguido de googol zeros			

O uso da notação científica também é afetado pela confusão sobre os diferentes nomes usados para números grandes nos Estados Unidos e em outras regiões. Embora os nomes sejam os mesmos até um milhão, depois eles divergem. O bilhão para os americanos é mil milhões (10^9), enquanto o bilhão para os europeus é um milhão vezes um milhão (10^{12}) e 10^9 é chamado de mil milhões. O padrão continua para números ainda maiores.

Como a ciência e as provas matemáticas requerem a escrita de números ainda maiores, mesmo a notação científica se torna inconveniente e finalmente impraticável. As soluções para o problema incluem o uso do caractere ^ ou → para indicar potências de potências, e mesmo o uso de formas poligonais para indicar potências.

Em 1976, Donald Knuth propôs uma notação usando o caractere ^ para indicar potências. A expressão n^m significa "elevar n à potência de m (n x n m vezes)".

n^2 = n^2 3^2 é $3^2 = 3 \times 3 = 9$
n^3 = n^3 3^3 é $3^3 = 3 \times 3 \times 3 = 27$
n^4 = n^4 3^4 é $3^4 = 3 \times 3 \times 3 \times 3 = 81$

Dobrar o símbolo ^ para n^^m significa "calcular n^n m vezes" e n^^^m significa "n^^m" m vezes.

Assim,

3^3 é $3^3 = 27$
3^^3 é 3^(3^3) = $3^{27} = 7.625.597.484.987$

E quando se triplica o símbolo ^ para ^^^ rapidamente se chega a números muito grandes:

3^^^3 é 3^^(3^^3) =
$3^{7.625.597.484.987} \wedge 3^{7.625.597.484.987}$

O MAIOR NÚMERO DE TODOS OS TEMPOS

O maior número que já foi citado em qualquer problema matemático teórico é chamado Número de Graham, que recebeu esse nome em honra ao matemático americano Ronald Graham (à direita). Ele foi imaginado por Graham como o limite superior de uma possível solução para um problema. O número é tão grande que é impossível escrevê-lo em qualquer uma das notações descritas até aqui. Comenta-se que se toda a matéria do universo fosse transformada em tinta, ela não seria suficiente para escrever o número completamente. Ironicamente, alguns especialistas suspeitam que a verdadeira resposta para o problema original seria "6".

À medida que o número de caracteres ^ aumenta, os números ficam mais difíceis de se ler (bem como incrivelmente maiores). John Conway (nascido em 1937) sugere condensar os números usando setas para a direita → para indicar o número de caracteres ^. Assim

n^^^4 seria escrito como n→4→3

Outra maneira chamada de tetração, expressa:

$n^{n^{n^{n}}}$ como ^{4}n.

Assim, $^{4}2$ é $2^{2^{2^{2}}} = 2^{2^{4}} = 2^{16} = 65.536$

Outro sistema, a notação Steinhaus-Moser, usa formas poligonais para mostrar quantas vezes um número deve ser elevado a uma potência.

△*n* (um número *n* em um triângulo) significa n^n.

Assim △2 = $2^2 = 4$, △3 = $3^3 = 27$

□*n* (um número *n* dentro de um quadrado) é equivalente ao "número n dentro de n triângulos, que estão todos aninhados". Em cada estágio, o número é avaliado e usado para o próximo estágio, assim 2 em um quadrado são 2 em dois triângulos aninhados. O primeiro triângulo aninhado é $2^2 = 4$, assim o próximo triângulo aninhado é $4^4 = 256$.

⬠*n* (um número *n* dentro de um pentágono) é equivalente "ao número *n* dentro de *n* quadrados, que estão todos aninhados". Originalmente, este era o limite do sistema de Steinhaus e para isso ele usou um círculo: ⓝ.

② inicia a partir de 256^{256} e avalia isso da mesma maneira 256 vezes. Steinhaus deu ao número ② o nome de *mega*, e a ⑩ o nome de *magiston*. O número de Moser é 2 dentro de um polígono com mega lados.

Continuando

Agora que estamos equipados com números bastante grandes, podemos começar a colocá-los para trabalhar. O que os números podem fazer por si próprios é o objetivo puro da matemática; o que eles podem fazer quando são recrutados para o serviço de outras disciplinas é a matemática aplicada. Uma cultura tem de desenvolver pelo menos um pouco de matemática pura para que possa começar a aplicar números aos problemas do mundo real tais como construções, economia e astronomia, portanto começaremos com a teoria dos números.

CAPÍTULO 2

PONDO OS NÚMEROS para trabalhar

Contar é um bom começo, mas qualquer aplicação mais sofisticada dos números requer cálculos. Os fundamentos básicos da aritmética – soma, subtração, multiplicação e divisão – entraram logo em uso através de aplicações práticas.

Logo que as pessoas começaram a trabalhar com números dessa maneira, elas começaram a notar o aparecimento de padrões. Os números parecem ter propriedades mágicas, parecem ter uma vida própria e ser capazes de nos surpreender com suas estranhas propriedades. Algumas delas são simples, mas elegantes – como, por exemplo, a maneira como podemos multiplicar um número de dois dígitos por 11 simplesmente somando os dígitos e colocando o resultado no meio:
63 x 11 = 693 (6 + 3 = 9, coloque 9 entre 6 e 3).

Algumas são espantosas em sua sofisticação. A teoria dos números, que inclui a aritmética, preocupa-se com as propriedades dos números. Os povos da antiguidade atribuíam poderes especiais aos números, tornando-os o centro das crenças místicas e dos rituais mágicos. Os matemáticos modernos falam sobre a beleza dos números.

Um homem usa um ábaco em uma loja japonesa de espadas, c.1890.

Somando dois mais dois

As regras da aritmética proporcionaram aos povos antigos os métodos para executar somas razoavelmente simples, mas na medida em que os números envolvidos se tornaram maiores, as ferramentas para auxiliar – e eventualmente mecanizar – os cálculos tornaram-se cada vez mais importantes. Logo surgiram as ferramentas para simplificar a soma, subtração, multiplicação e divisão. Durante os últimos séculos, esses recursos simples não foram suficientes e nossas ferramentas para trabalhar com números se tornaram cada vez mais complexas e tecnicamente sofisticadas, até termos agora os computadores que em uma fração de segundo executam cálculos que seriam totalmente inconcebíveis para os primeiros matemáticos.

Um aluno Soviético usa um ábaco Russo – o shoty *– durante uma aula de matemática em 1920. Os ábacos ainda são muito usados na Rússia, mas não são usados mais nas escolas.*

Cordéis, Conchas e Bastões

As primeiras ferramentas matemáticas eram recursos de contagem como tallies (varinhas com marcas) e contas, conchas e pedras. Os iorubas da África Ocidental usavam conchas brilhantes para representar objetos, sempre os contando em grupos de 5, 20 ou 200, por exemplo. Outras civilizações usaram objetos diferentes.

Na Mesoamérica, a civilização inca não tinha um sistema de números escritos, mas usava o *khipu* (ou *quipu*) – grupos de cordéis com nós – para registrar números. Um *khipu* consiste em filamentos coloridos de lã de alpaca ou lhama, ou às vezes algodão, pendendo de uma corda ou cordão. Podia ser usado para registrar a propriedade de bens, para calcular e registrar impostos e dados de recenseamento, e para armazenar datas. Os cordéis podiam ser lidos por contadores incas chamados de *quipucamayocs*, ou "guarda-nós". Aparentemente eram usados filamentos de cores diferentes para registrar diferentes tipos de informações, como detalhes relacionados a guerra, impostos, terras, etc.

Tribos indígenas da América do Norte também usavam cordéis com nós, chamadas de *wampam*, e nós em tiras de couro foram

As conchas têm sido usadas como auxílio para contagem e como moeda.

Problemas com os nós

A posição de um grupo de nós em um *khipu* mostra se aquele grupo representa unidades, dezenas, centenas, etc. O zero é indicado por uma falta de nós em uma determinada posição. Dezenas e potências de dez são representadas por nós simples em cachos, assim 30 seria indicado por três nós simples na posição das "dezenas". As unidades são representadas por um nó longo com certo número de voltas que representam o número, assim um nó com sete voltas mostra um sete. É impossível ligar um nó longo com uma volta, assim um é representado por um nó em forma de oito. Os *khipus* registravam informações como senso de população ou detalhes de mantimentos colhidos e armazenados.

Embora parecendo uma franja decorativa, o khipu *era um instrumento sofisticado de contagem. Este aqui foi feito no Peru c.1430-1532*

usadas em arranjos menos sofisticados pelos persas, romanos, indianos, árabes e chineses.

Em Papua-Nova Guiné, eram usadas cordas com contas para registrar o comércio com pérolas. Na Alemanha, os padeiros usavam tiras com nós para controlar os pedidos de pães até o fim do século 19. Pastores no Peru, Bolívia e Equador usavam uma forma de *khipu*, com grupos de cordéis brancos para carneiros e bodes e cordéis verdes para gado até o século 19.

A prática tem se mostrado extremamente duradoura. No Tibet, cordéis de oração com nós ainda auxiliam os budistas a controlar suas orações, a mesma função que é executada pelas contas dos muçulmanos e pelos rosários católicos.

Tabuadas

Tabelas de números para localizar os resultados de cálculos, principalmente a multiplicação, têm sido usadas por milhares de anos. Tabelas em argila que datam de aproximadamente 1800 a.C. preservam as antigas tabelas de multiplicação usadas na

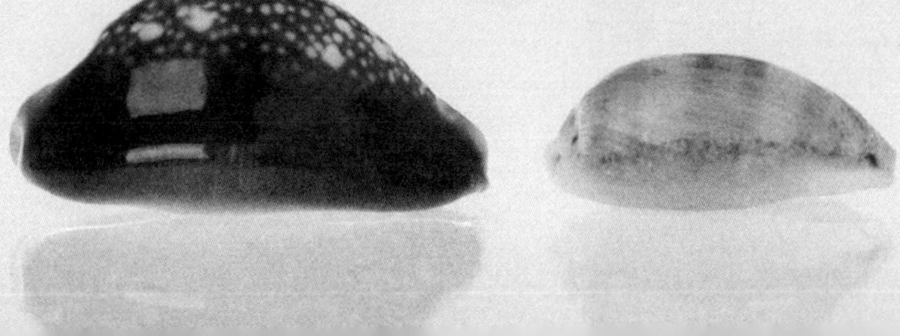

Mesopotâmia. A ideia de compilar tabelas de resultados de operações aritméticas comuns é tão antiga quanto a matemática escrita. Os matemáticos da antiga Babilônia escreviam seus trabalhos em tábuas de argila; muitas dessas tábuas apresentam tabelas matemáticas para multiplicação, quadrados e cubos, suas raízes e recíprocos.

Uma placa de argila de c.2500 a.C., encontrada em Lagash no Iraque, contém um registro de números de bodes e carneiros.

Contas e Tabuleiros

Algumas culturas desenvolveram ferramentas e sistemas bastante engenhosos para ajudar nos cálculos. Um dos mais familiares é o ábaco, desenvolvido por volta de 3000 a.C. na Mesopotâmia, e ainda em uso em algumas culturas do Oriente. Ele começou como uma tábua ou bloco, usado na antiga Babilônia para alinhar números ou escritas; e posteriormente se transformou em um tabuleiro com linhas ou canais para contadores. O ábaco moderno, com contadores enfileirados em varetas ou fios, requer um avanço tecnológico maior para ser produzido, mas é usado da mesma maneira. A posição de uma conta ou contador informa se ela representa uma unidade, uma dezena, uma centena, e assim por diante. Um usuário com boa prática pode mover as contas ou contadores com grande rapidez, fazendo os cálculos com a mesma rapidez das antigas máquinas de calcular mecânicas. Até 1920, os contadores treinados na cidade de Londres tinham de estar aptos a usar um ábaco tão bem quanto os métodos aritméticos.

O ábaco se difundiu no Japão no século 16 e ainda é usado lá, bem como no Oriente

MOSTRE-ME O DINHEIRO

O nome "Chancellor of the Exchequer", como é conhecido o ministro das finanças na Inglaterra, veio do uso do tabuleiro "exchequer" – um tabuleiro de contagem similar a um tabuleiro de xadrez usado como um ábaco.

O Exchequer era uma instituição medieval inglesa encarregada de coletar os impostos reais.

LOGARITMOS

Os logaritmos oferecem uma maneira rápida de efetuar grandes divisões e multiplicações. Eles se baseiam no princípio de que para multiplicar potências podemos somar seus expoentes.

$10^1 = 10$
$10^2 = 100$
$10^1 \times 10^2 = 1.000 = 10^3$
Verificando as potências: $1 + 2 = 3$

O logaritmo de um número *n* é a potência à qual o número base (neste caso 10) deve ser elevado para produzir o número *n*. Assim, o logaritmo de 10 é 1 porque $10^1 = 10$; o logaritmo de 100 é 2 porque $10^2 = 100$. O logaritmo de 2 é 0,30103 porque $2^{0,30103} = 10$.
Quaisquer dois números podem ser multiplicados entre si, somando-se seus logaritmos. Assim, $\log_{10}10 + \log_{10}100 = \log_{10} 1.000$. O subscrito mostra que estamos usando logaritmos de base 10, isto é, trabalhando com potências de 10. O mesmo princípio de trabalho com potências obviamente vale para outros números além de 10:

$2^4 \times 2^{10} = 2^{14}$
$(16 \times 1.024 = 16.384)$

Assim, usando logaritmos com uma base igual a 2, o logaritmo de 16 seria 4. Logaritmos podem ser construídos em qualquer base.

Médio e na China. Os antigos matemáticos chineses usavam hastes de diferentes comprimentos dispostos em uma matriz em uma mesa ou tabuleiro especial. O princípio era similar ao ábaco porque a posição das hastes indicava seu valor. Na Europa, os mercadores continuaram a usar o ábaco até o século 17, quando ele foi substituído pelos algoritmos aritméticos após a ascendência dos numerais hindu-arábicos.

Alguns matemáticos árabes antigos adotaram os algoritmos básicos para cálculo da Índia, e por volta de 950 Abu'l Hasan Ahmad ibn Ibrahim Al-Uqlidisi adaptou-os para uso com caneta e papel em lugar do tradicional **dustboard** hindu (uma espécie de quadro-negro portátil usado como ábaco).

Cálculos mais Complicados

Na medida em que a ciência e comércio se tornaram mais avançados e sofisticados, aumentou-se a necessidade de trabalhar com grandes números, frações e decimais. Os cálculos se tornaram difíceis e demorados, e as pessoas procuravam maneiras de torná-los mais práticos. A solução mais engenhosa e duradoura foi o desenvolvimento dos logaritmos pelo matemático escocês John Napier no início do século 17.

Tabelas de logaritmos foram publicadas pela primeira vez em 1620 pelo matemático suíço Joost Bürgi, que descobriu os logaritmos independentemente de Napier, entre 1603 e 1611. Para usar os logaritmos era necessário primeiro consultar os logaritmos dos números a serem multiplicados, somar os logaritmos encontrados e finalmente procurar na tabela o antilogaritmo que era a resposta. Para a divisão, era necessário subtrair um logaritmo do outro e depois procurar na tabela o antilogaritmo.

Os logaritmos oferecem também uma maneira fácil de determinar potências e raízes. Para elevar ao quadrado, multiplique o logaritmo por dois e procure o antilogaritmo na tabela; para determinar a raiz quadrada, divida o log por dois e procure o antilog na tabela. Para elevar ao cubo, multiplique o logaritmo por três; para determinar a raiz cúbica, divida o logaritmo por três, e assim por diante. As crianças nas escolas do Oci-

JOHN NAPIER (1550-1617)

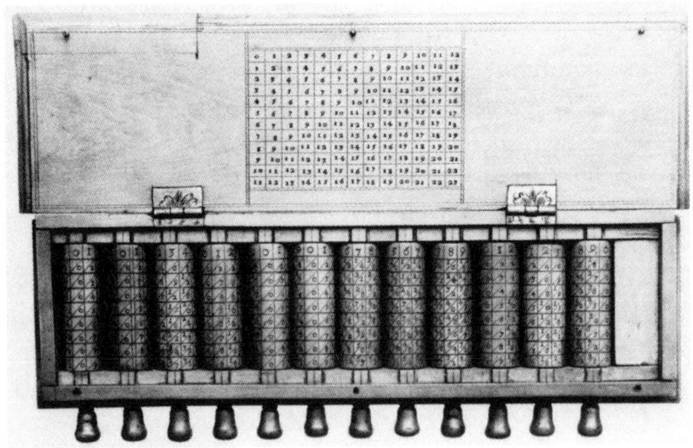

As hastes no Napier´s Bones continham tabelas de multiplicação que tornavam os cálculos mais simples, mas não funcionavam da mesma maneira que os logaritmos.

John Napier era um matemático escocês e oitavo Laird de Merchiston. Ele entrou na Universidade de St. Andrews com 13 anos, mas saiu sem colar grau. Ele é mais conhecido como o inventor dos logaritmos e de outro dispositivo de cálculo chamado de "Napier´s Bones" (Ossos de Napier). Ele começou a trabalhar com logaritmos por volta de 1594 e publicou seu tratado, *Description of the Marvelous Canon of Logarithms*, em 1614. O Napier´s Bones era composto por um sistema de pequenas barras usadas para calcular; foi o precursor da régua de cálculo.

Napier foi também um inventor de artilharia, e sugeriu a James VI da Escócia algo como um tanque – uma carruagem de metal com furos pelos quais podiam ser disparadas armas de pequeno calibre. Ele é conhecido também como a primeira pessoa a usar o ponto para separar as partes de um número decimal – suas tabelas de logaritmos foram o primeiro documento a usar o ponto decimal no estilo moderno. Ele era extremamente anticatólico e acreditava que o Papa era o anticristo.

dente aprendiam a usar tabelas de logaritmos até meados do século 20 quando as calculadoras eletrônicas finalmente assumiram o papel dos cálculos complexos.

O desenvolvimento dos logaritmos tornou possível muitas outras coisas. Para os cientistas, os cálculos complexos necessários, principalmente para a astronomia, tornaram-se muito mais fáceis de forma que o progresso nesse campo foi acelerado. Não demorou muito para os logaritmos passarem das tabelas impressas para os dispositivos físicos de cálculo. O primeiro desses dispositivos foi a escala Gunter, desenvolvida pelo inglês Edmund Gunter em 1620. Era uma grande escala plana com os logaritmos impressos nela. Usando um compasso, os marinheiros a usavam para multiplicar e dividir distâncias.

Embora os logaritmos na base 10 sejam pouco utilizados hoje (a função deles passou a ser executada pelas calculadoras e pelos computadores), os logaritmos na base e (logaritmos naturais; veja o painel a seguir) ainda são muito usados na ciência.

Uma calculadora mecânica utilizada por muito tempo que usava logaritmos foi a régua de cálculo. A primeira régua de cálculo era circular e foi projetada por William Oughtred, por volta de 1632; ele fez uma versão retangular em 1633. A régua de cálculo tem números decimais em uma escala e seus respectivos logaritmos em outra. Alinhando as duas escalas da maneira correta, é possível ler o produto de dois números.

MÁQUINAS PARA MATEMÁTICOS

Cartas e tabelas, e depois a régua de cálculo, ofereciam uma grande vantagem em relação ao cálculo feito com caneta e papel, mas a enorme carga de cálculos necessários para as ciências que surgiam, especialmente a astronomia, para o comércio, finanças e navegação exigiam auxílios mecânicos melhores.

A primeira tentativa comercial de construir uma máquina de calcular foi feita por Blaise Pascal (veja página 35) em 1642-3 para ajudar seu pai, um administrador em Rouen, França, que tinha de lidar com valores complicados de impostos. A Pascaline, como era chamada, consistia de uma caixa contendo uma série de rodas com entalhes ou engrenagens. Uma volta completa de uma roda avançava a roda adjacente um décimo de volta. Ela só podia fazer soma e subtração, e não era extremamente útil porque o sistema de moedas na França, naquele tempo, não era decimal: havia 12 *deniers* em um *sol*, e 20 *sols* em um *livre* [esse mesmo sistema era usado na Inglaterra até 1970, onde 12 pence formavam um *shilling*, e 20 *shillings* formavam a *pound* (libra)].

Uma máquina um pouco mais antiga, que também usava engrenagens, era o Calculating Clock (Relógio Calculador) inventado por Wilhelm Schickard (1592-1635) em 1623. Ele fez um protótipo, que foi destruído em um incêndio, e possivelmente uma segunda cópia que nunca foi encontrada. Schickard morreu de peste bubônica e sua invenção foi perdida na história. No entanto, ele descreveu sua invenção em artigos (incluindo cartas para o astrônomo Johannes Kepler) que foram encontradas no século 20, permitindo que sua máquina fosse recriada em 1960.

TUDO SOBRE e

e é um número muito significativo na matemática. Ele é definido (entre outros métodos) como a soma de todos os números na série

$$\frac{1}{0!}+\frac{1}{1!}+\frac{1}{2!}+\frac{1}{3!}+\frac{1}{4!}+\ldots$$

onde n! significa n-fatorial (n multiplicado por cada dígito menor do que ele próprio – assim

4! = 4 x 3 x 2 x 1 = 24).

Por convenção, 0! = 1. Assim

$$e = 1 + 1 + 1/2 + 1/6 + 1/24 + 1/120 + \ldots$$

É um exemplo de uma série infinita onde o número de termos do lado direito não tem fim.

Surgindo no fim do século 17, a régua de cálculo reinou por 300 anos como a rainha das calculadoras. Ela foi substituída pela calculadora de bolso na década de 70.

> *"É injusto que excelentes pessoas percam seu tempo como escravos no trabalho de executar cálculos que poderiam seguramente ser relegados a qualquer outro se fossem usadas máquinas."*
>
> Gottfried Leibniz

Gottfried Leibniz (veja página 158) desenvolveu o princípio da máquina de Pascal em uma máquina de calcular totalmente funcional que podia fazer adição, subtração, multiplicação e divisão. Assim como Pascal, Leibniz era um menino prodígio. Ele aprendeu latim com 8 anos e obteve seu segundo grau de doutorado aos 19 anos. Seu primeiro protótipo, a "Calculadora Incremental", foi construído em Paris, em 1674. Ele usava um cilindro central com uma série de dentes em forma de hastes de diferentes comprimentos que se estendiam ao longo do tambor. Isso girava uma série de rodas dentadas. Apesar de sua inteligência, Leibniz morreu pobre. O protótipo de sua máquina foi ignorado e permaneceu oculto em um sótão na Universidade de Göttingen, Alemanha, até 1879.

No século 18, houve uma grande variedade de máquinas de calcular baseadas nos mesmos princípios daquelas de Pascal e Leibniz, mas nenhuma teve realmente sucesso comercial, já que as limitações mecânicas não permitiam que elas fossem rápidas e fáceis de usar.

A primeira máquina de calcular bem-sucedida foi construída por Charles Xavier Thomas de Colmar (1785-1870), na França. Seu Arithmometer funcionava baseado nos mesmos princípios da máquina de Leibniz e podia executar facilmente as quatro operações aritméticas. Entre 1820 e 1930, foram vendidas 1.500 dessas máquinas e apareceram dispositivos similares de outros fabricantes.

Chegando ao Computador

O precursor do computador moderno geralmente é considerado como o Analytical Engine projetado por Charles Babbage (1791-1871). Na época em que Babbage estava trabalhando, os cálculos complexos eram feitos usando tabelas de valores, incluindo logaritmos, compiladas por pessoas chamadas de "computadores". As tabelas tinham a tendência de apresentar muitos erros – o desejo de Babbage era construir uma máquina que pudesse executar cálculos sem cometer erros. Ele começou desenhando uma primeira máquina, a Difference Engine, em 1822, para lidar com valores de funções polinomiais (funções contendo mais de um termo, como por exemplo 4x2 + 5x). A primeira Difference Engine que ele projetou usava aproximadamente 25.000 peças pesando um total de 13.600 kg. Ela teria uma altura de 2,4 metros. Ele nunca chegou a construí-la, mas projetou uma versão melhorada, a Difference Engine nº 2. Novamente, Babbage não a construiu, mas ela foi construída segundo seu projeto no Museu de Ciências em Londres, em 1989-1991, de acordo com as limitações de engenharia do tempo de Babbage. Em seu primeiro teste, ela produziu uma solução com precisão de até 31 dígitos.

Babbage abandonou os planos da Difference Engine e embarcou em um projeto mais ambicioso – desenhar uma Máquina Analítica que poderia aceitar instruções programadas em cartões perfurados. Mais uma vez, ele não a construiu, mas refinou o projeto repetidas vezes. A matemática Ada Lovelace leu seu projeto e construiu um programa para calcular os números de Bernoulli usando a Máquina Analítica (Analy-

BLAISE PASCAL (1623-62)

O matemático francês, físico e filósofo Blaise Pascal lançou os fundamentos da teoria da probabilidade e inventou a primeira calculadora digital. Sua mãe morreu quando ele ainda era pequeno e a família mudou-se para Paris, onde seu pai assumiu sua educação. Pascal era um garoto prodígio, tendo publicado seu primeiro artigo sobre matemática com 18 anos. Além de projetar sua máquina de calcular, ele trabalhou com pressão e hidráulica, formulando a lei de Pascal da pressão e construindo um barômetro de mercúrio. Aos 30 anos, ele passou a ter uma experiência religiosa intensa, adotou o código moral rígido do jansenismo e entrou para o convento de Port-Royal em 1655, desistindo de seu interesse pela matemática.

A Pascaline podia lidar com números até 9.999.999, mas só podia ser usada para soma e subtração. Era operada girando-se os botões, e a solução do problema aparecia nas janelas acima dos botões.

tical Engine). Os números de Bernoulli são uma sequência de números racionais positivos e negativos importante na teoria e análise de números (veja tabela a seguir)

Passou-se um longo tempo desde os projetos de Babbage para máquinas que ocupavam uma sala inteira e executavam somente cálculos aritméticos, embora haja

O LIMPA-TRILHOS

Babbage também inventou o limpa-trilhos – uma estrutura metálica montada na frente dos trens para remover os obstáculos dos trilhos.

"A Analytical Engine tece padrões algébricos, assim como o tear de Jacquard tece flores e folhas."

Ada Lovelace

O TEAR DE JACQUARD

O tear mecânico de Jacquard, inventado por Joseph Marie Jacquard, na França, em 1801, usa cartões perfurados para armazenar um padrão de tecido e controlar o tear para produzir o padrão. Ele foi a primeira máquina a ser controlada por cartões perfurados, e embora fosse inteiramente mecânico e não computadorizado, ele é considerado como um passo importante na programação dos computadores.

A Difference Engine nº 2 foi construída pelo Museu de Ciências em Londres para celebrar os 200 anos do nascimento de Babbage. Ela funcionou perfeitamente.

alguns debates sobre quem realmente criou o primeiro computador.

O engenheiro alemão Konrad Zuse (1910-1995) construiu o primeiro computador binário, o Z3, em 1941, mas ele era parcialmente programável. O primeiro computador completamente programável foi o Colossus, projetado por Tommy Flowers (1905-98) para o UK Secret Service durante a Segunda Gerra Mundial, e foi

Números de Bernouli											
n	0	1	2	4	6	8	10	12	14	16	18
B	1	$-\frac{1}{2}$	$\frac{1}{6}$	$-\frac{1}{30}$	$\frac{1}{42}$	$-\frac{1}{30}$	$\frac{5}{66}$	$-\frac{691}{2730}$	$\frac{7}{6}$	$-\frac{3617}{510}$	$\frac{43867}{798}$

usado para decifrar os códigos de alto nível do exército alemão. O primeiro Colossus entrou em serviço no início de 1944, e até o fim da guerra haviam sido construídas dez unidades. No entanto, grande parte deles foi destruída no fim da guerra e por muitos anos o governo da Inglaterra recusou-se a reconhecer que eles foram sequer construídos. Aproveitando o vazio deixado pelo não reconhecimento do Colossus, os Estados Unidos reclamaram para si o primeiro computador com o ENIAC, projetado por John Mauchly e J. Presper Eckert, e terminado em 1946. Após a guerra, computado-

AUGUSTA ADA KING, CONDESSA DE LOVELACE (1815-52) – "A PRINCESA DOS PARALELOGRAMOS"

Augusta Ada King, muitas vezes chamada de Ada Lovelace, era filha do poeta Lord Byron e Annabella Milbanke; um casal que se separou dois meses após seu nascimento. Sua mãe esperava que o estudo da matemática pudesse eliminar qualquer loucura que Ada pudesse ter herdado de seu pai e encarregou Augustus De Morgan, primeiro professor de matemática na University College, Londres, de ensiná-la.

Ada se interessou pelo trabalho de Babbage por volta de 1833. Durante um período de 9 meses em 1842-43, ela traduziu o trabalho do matemático italiano Luigi Menabra sobre a Analytical Engine de Babbage. Suas instruções para calcular números de Bernoulli usando a máquina são amplamente consideradas como o primeiro programa de computador no mundo, apesar de nunca terem sido implementadas. Ada trabalhou com Babbage até sua morte prematura, causada por sangria exagerada por parte dos doutores que a tratavam de um câncer no útero.

CHIPS COM TUDO

O microchip foi inventado em 1952 por um funcionário do Ministério da Defesa da Inglaterra, Geoffrey Dummer. No entanto, o Ministério da Defesa recusou-se a financiar o desenvolvimento e foi requerida uma patente nos Estados Unidos por Jack Kilby sete anos depois.

res *mainframe* enormes foram produzidos para uso na indústria, no governo e outras grandes organizações, e assim nasceu a indústria dos computadores comerciais. Esses primeiros computadores custavam centenas de milhares de dólares e funcionavam com fitas ou cartões perfurados. Eles não tinham tela nem teclado, e eram utilizados principalmente para aplicações científicas, militares e financeiras.

Apesar de ocupar uma sala inteira, o Colossus tinha menos poder de processamento do que um iPod. Depois da guerra, o governo Inglês negou que ele sequer tivesse existido.

Um Computador na Mão

Computadores para todos tornaram-se uma realidade com o desenvolvimento do microchip, em 1958, por Jack Kilby, que trabalhava para a Texas Instruments nos Estados Unidos. Um microchip, ou circuito integrado, contém todos os circuitos necessários para um sistema eletrônico complexo em uma fina pastilha de silício usando tecnologia de gravação por corrosão. Ele possibilitou a miniaturização das máquinas usadas para os cálculos, que antes eram enormes.

O microchip levou à introdução das primeiras calculadora portáteis em 1970, e posteriormente dos computadores pessoais. O Intel 4004, desenvolvido em 1971, foi o primeiro microchip a colocar todas as funções de um computador em um único componente, que anunciou a revolução no projeto de computadores. O número de instruções que podiam ser colocadas em um microchip dobrava a cada ano, à medida que a fabricação avançava. Um microchip moderno pode conter componentes menores do que um mícron (um milionésimo de metro ou um milésimo de milímetro). Os microchips estão em todos os lugares, controlando nossos aviões, carros e acessórios domésticos – eles chegam a ser tão baratos que podem ser colocados em cartões de aniversário que toca uma música quando são abertos.

A velocidade e poder dos computadores continuam crescendo a uma velocidade es-

Os circuitos de um microchip são pequenos demais para serem vistos sem instrumentos. Os microchips estão em todos os lugares, controlando quase todas as nossas tecnologias.

pantosa. Os computadores usados para levar o homem à lua, em 1969, poderiam ser ultrapassados por um telefone celular dos dias de hoje.

Nossos supercomputadores mais rápidos executam centenas de trilhões de operações por segundo, que significa aproximadamente um milhão de vezes mais rápido do que um computador desktop comum. Um supercomputador capaz de executar 10 quatrilhões (1019) de operações foi criado em **2010**.

Nossa demanda por computadores está crescendo cada vez mais. Decodificação de DNA, análise de radiação do espaço procurando sinais indicadores de mensagens deliberadas e reprodução de filmes digitais nas mais altas resoluções ainda demanda horas e dias de tempo dedicado do computador. A próxima geração de computadores deixará para trás os circuitos em silício e passará para a computação quântica, fazendo uso de propriedades subatômicas da matéria para armazenar e manipular dados.

Os primeiros auxílios de cálculo destinavam-se a agilizar a aritmética. Os computadores fizeram isso, facilitando os cálculos pesados, economizando tempo e chegando a resultados precisos. Os computadores podem lidar com tarefas extremamente complicadas, desde que as tarefas possam ser especificadas em passos lógicos. Isto proporcionou um ímpeto para o avanço na lógica e sua notação, e mesmo para os computadores manipularem essas tarefas. Agora os computadores são usados para manipular expressões matemáticas em forma simbólica, trabalhando diretamente com equações algébricas em vez de calcular com números colocados nas equações. Por exemplo, o programa Shoonschip, desenvolvido pelo prêmio Nobel de física Martinus Veltman (nascido em 1931), lida com os cálculos necessários para física de alta energia.

FATIAS DO PI

O primeiro cálculo de π por um computador eletrônico foi feito no ENIAC em 1949. Ele produziu 2.037 dígitos em 70 horas. Um programa similar rodando em um PC comum em 2000 levou um segundo para obter o mesmo resultado, portanto aproximadamente 250.000 vezes mais rápido do que o ENIAC.

Números e sequências especiais

As pessoas há muito tempo têm sido fascinadas pelas habilidades aparentemente mágicas dos números em se classificarem em padrões apresentando regras surpreendentes. Algumas dessas regras se tornaram aparentes para os primeiros matemáticos. Esses números muitas vezes eram incorporados em rituais místicos ou religiosos, em construções e artefatos. As estranhas propriedades dos números são agora domínio dos teóricos em números.

Números Primos

Os números primos são uma classe especial de inteiros: eles são números que não têm fatores (não podem ser divididos por nenhum outro) exceto por eles mesmos e por 1. Os números primos abaixo de 20 são 2, 3, 5, 7, 11, 13, 17 e 19 (usualmente não está incluído o número 1). Na medida em que os números crescem, os números primos se tornam menos frequentes, mas permanecem extremamente comuns. Mesmo com números próximos de 1.000.000, aproximadamente 1 em 14 são primos. As pessoas têm estudado os números primos por milênios, atribuindo originalmente algum significado místico ou religioso a eles. O matemático grego Euclides foi o primeiro a provar que há uma sequência sem fim de números primos, por volta de 300 a.C. E mais de 2000 anos depois, não temos uma fórmula para prever os números primos.

Os números primos parecem não ter qualquer coisa especial – talvez sejam até imperfeitos, não tendo fatores reais. Mas há grupos de fenômenos interessantes a respeito deles e eles se tornaram importantes na teoria dos números.

Encontrando os Primos

É fácil encontrar números primos pequenos; podemos fazer isso mentalmente. Mas encontrar números primos maiores torna-se cada vez mais difícil.

A teoria dos números primos tenta prever a frequência dos números primos. O matemático francês Adrien-Marie Legendre (1752-

Euclides apresentando seu trabalho ao Rei Ptolomeu I Soter em Alexandria. A ilustração é de Louis Figuier e data de 1866.

O CRIVO DE ERATÓSTENES

O matemático Eratóstenes (276-194 a.C.) da Grécia Antiga desenvolveu um algoritmo simples para determinar os números primos, chamado de crivo de Eratóstenes.

Números Primos
2

~~1~~	2	3	4	5	6	7	8	9	10
11	12	13	14	15	16	17	18	19	20
21	22	23	24	25	26	27	28	29	30
31	32	33	34	35	36	37	38	39	40
41	42	43	44	45	46	47	48	49	50
51	52	53	54	55	56	57	58	59	60
61	62	63	64	65	66	67	68	69	70
71	72	73	74	75	76	77	78	79	80
81	82	83	84	85	86	87	88	89	90
91	92	93	94	95	96	97	98	99	100
101	102	103	104	105	106	107	108	109	110
111	112	113	114	115	116	117	118	119	120

Números Primos
2 3 5

~~1~~	2	3	4	5	6	7	8	9	10
11	12	13	14	15	16	17	18	19	20
21	22	23	24	25	26	27	28	29	30
31	32	33	34	35	36	37	38	39	40
41	42	43	44	45	46	47	48	49	50
51	52	53	54	55	56	57	58	59	60
61	62	63	64	65	66	67	68	69	70
71	72	73	74	75	76	77	78	79	80
81	82	83	84	85	86	87	88	89	90
91	92	93	94	95	96	97	98	99	100
101	102	103	104	105	106	107	108	109	110
111	112	113	114	115	116	117	118	119	120

Como selecionar os primos:

1. Comece desenhando uma grade contendo todos os números desde 1 até o seu limite superior de primos. Elimine o número 1 – ele não é primo.
2. O primeiro primo é 2; escreva esse número no topo da sua lista. Pinte os múltiplos de 2.
3. O próximo número é o número primo 3, portanto coloque-o na lista de primos. Pinte os múltiplos de 3.
4. Dentre os números restantes, o próximo primo é 5; anote esse número na lista de primos e pinte os múltiplos de 5.
5. Continue até o fim do quadrado. Os números na lista são primos.

Números Primos
2 3 5 7 11 13 17 19 23 29
31 37 41 43 47 53 59 61 67 71
73 79 83 89 97 101 103 107 109 119

~~1~~	2	3	4	5	6	7	8	9	10
11	12	13	14	15	16	17	18	19	20
21	22	23	24	25	26	27	28	29	30
31	32	33	34	35	36	37	38	39	40
41	42	43	44	45	46	47	48	49	50
51	52	53	54	55	56	57	58	59	60
61	62	63	64	65	66	67	68	69	70
71	72	73	74	75	76	77	78	79	80
81	82	83	84	85	86	87	88	89	90
91	92	93	94	95	96	97	98	99	100
101	102	103	104	105	106	107	108	109	110
111	112	113	114	115	116	117	118	119	120

1833) supôs em 1798 que o número de primos abaixo de um número x é aproximadamente:

$x/\ln(x) - 1{,}08366$

onde ln(x) é o logaritmo natural de x. Na medida em que x aumenta, o erro envolvido se torna comparativamente menor.

As chances de um número x ser primo são:

$1/\ln(x)$

Isto significa, por exemplo, que um número próximo de 1.000.000 tem uma chance de aproximadamente 1 em 13,8 de

ERATÓSTENES (276-194 a.C.)

Eratóstenes nasceu em Cirene, mas trabalhou e morreu em Alexandria (Egito). Era amigo de Arquimedes e responsável pela biblioteca de Alexandria. Por volta de 250 a.C. ele inventou a esfera armilar, um modelo esférico com faixas que se cruzavam e era usado para demonstrar e prever o movimento das estrelas. Foi usado como instrumento astronômico até o século 18.

Eratóstenes também desenvolveu um sistema para medir longitude e latitude, desenhou um mapa de todo o mundo conhecido na época e fez o primeiro cálculo que se tem registro da circunferência da terra (veja painel, página 91: Medindo a Terra).

Mais tarde, o escritor Eusébio de Cesareia (d.339-40 d.C.) atribui a Eratóstenes um cálculo da distância da terra ao sol que é precisa dentro de 1 por cento do valor aceito nos dias de hoje.

A Terra é representada por uma esfera no centro da esfera armilar, as órbitas aparentes dos outros corpos celestes são representadas por anéis ao redor da Terra.

ser primo, já que o logaritmo natural de 1.000.000 é 13,8.

Primos Gêmeos

Primos gêmeos são pares de números primos separados apenas por 2. Exemplos óbvios são 3 e 5, 5 e 7, 11 e 13, ou 17 e 19. A suposição dos primos gêmeos afirma que há um número infinito de primos gêmeos. Isso parece razoável, pois apenas significa que não devem terminar em algum ponto. Mas ainda não foi provado que isso é verdade. Há também uma suposição "fraca" de primos gêmeos, que já foi demonstrada. Ela afirma que o número de primos gêmeos abaixo de um número x é dado aproximadamente por esta expressão horrivelmente complicada:

$$2 \pi_{p\geq 3} \frac{p(p-2)}{(p-1)^2} \int_2^x \frac{dx}{(\log x)^2} = 1.320323632 \int_2^x \frac{dx}{(\log x)^2}$$

Não se preocupe com a expressão – ela não importa. É interessante pensar sobre o

A SUPOSIÇÃO DE GOLDBACH

Em 1742, o matemático prussiano Christian Goldbach escreveu uma carta para o matemático e físico suíço Leonhard Euler na qual ele afirma sua crença de que todo inteiro maior do que 2 pode ser escrito como a soma de três números primos. Ele considerou 1 como número primo, que os matemáticos não aceitavam mais. A suposição foi depois refinada e agora afirma que todo número par maior do que 2 pode ser escrito como a soma de dois números primos.

Goldbach não pôde provar sua crença (motivo pelo qual ela é uma suposição e não um teorema), e ninguém jamais foi capaz de prová-la. Ela foi verificada por computador para todos os números até 10^{18} (até abril de 2007), mas falta ainda uma prova teórica.

Não havia muito bate-papo na carta que Goldgach escreveu para Euler, mas isso é assim mesmo entre os matemáticos.

motivo pelo qual ela existe, afinal. O que há com os números que torna possível encontrar uma expressão como esta? O número no meio da expressão, 1,320323632, é chamado de constante dos números primos. Ela não tem nenhuma outra importância conhecida, exceto nessa previsão dos primos gêmeos.

Números Perfeitos

Números perfeitos são aqueles que são a soma de todos os seus divisores próprios. Isto significa que se você somar todos os números pelos quais aquele número pode ser dividido, o resultado é o próprio número.

Por exemplo:

$6 = 1 + 2 + 3$
$28 = 1 + 2 + 4 + 7 + 14$

Euclides provou pela primeira vez que a fórmula $2^{n-1}(2^n - 1)$ resulta em um número perfeito par sempre que 2^n-1 é primo. Há atualmente 46 números perfeitos conhecidos; o maior deles é $2^{43.112.608} \times (2^{43.112.609} - 1)$ com 25.956.377 dígitos.

Números Amigáveis

Os números amigáveis vêm aos pares. Os divisores próprios de um número do par somados produzem o outro número. Os números 220 e 284 formam um par amigável. Os divisores próprios de 220 são 1, 2, 4, 5, 10, 11, 20, 22, 44, 55 e 110, que somados resultam em 284; e os divisores próprios de

TEOREMA DE MIHĂILESCU

Em 1844, o matemático belga Eugène Charles Catalan (1814-94) supôs que $2^3 = 8$ e $3^2 = 9$ formam o único exemplo de potências consecutivas (isto é, 2 e 3, com cubo e quadrado, 8 e 9). Isso foi finalmente provado pelo matemático Romeno Preda Mihăilescu em 2002.

284 são 1, 2, 4, 71 e 142, que somados resultam em 220. Os seguidores de Pitágoras estudaram os números amigáveis por volta de 500 a.C., acreditando que eles tinham muitas propriedades místicas.

Thabit ibn Qurrah (836-901), um tradutor de textos matemáticos gregos, descobriu uma regra para determinar números amigáveis. Matemáticos árabes continuaram a estudá-los; Kamal al-Din Abu'l-Hasan Muhammad al-Farisi (c.1260-1320) descobriu o par 17.926 e 18.416 e Muhammad Baqir Yazdi encontrou o par 9.363.584 e 9.437.056 no século 17.

Números Poligonais

Algumas quantidades de pontos, pedras, sementes ou outros objetos podem ser arranjados em polígonos regulares. Por exemplo, seis pedras podem ser arranjadas em um triângulo perfeitamente regular.

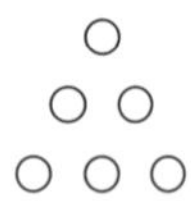

Seis é, portanto, um número triangular. Se adicionarmos uma fileira extra de pedras na parte inferior, temos o próximo número triangular, dez:

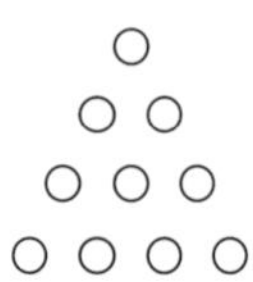

Nove pedras podem ser dispostas em um quadrado:

> *"Seis é um número perfeito por si só, e não porque Deus criou todas as coisas em 6 dias; mas sim, o inverso é verdadeiro. Deus criou todas as coisas em seis dias porque o número é perfeito."*
>
> Santo Agostinho (354-430 d.C.), *The City of God*

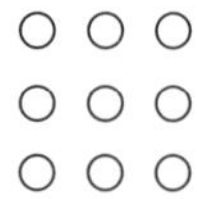

O próximo número quadrado tem quatro em cada lado, sendo $4^2 = 16$.

Alguns números, como 36, são triangulares e quadrados:

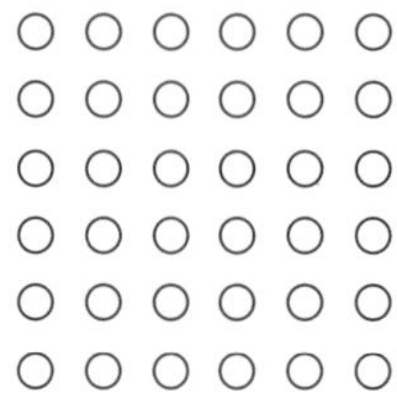

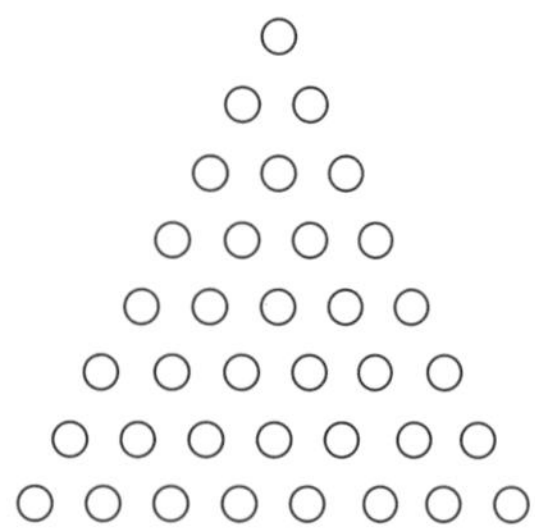

Os números poligonais crescem aumentando-se cada lado em uma unidade extra.

Números Triangulares

1 3 6 10

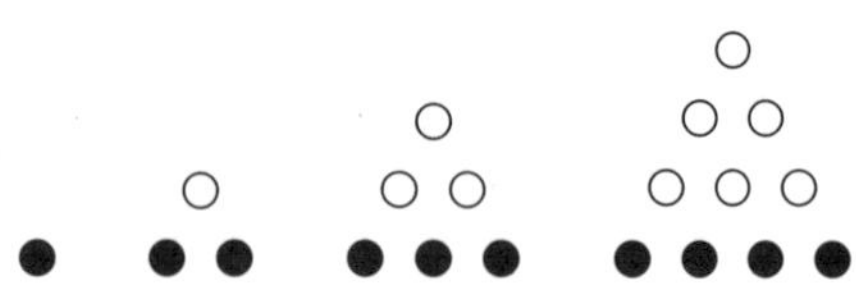

Números Quadrados

1 4 9 16

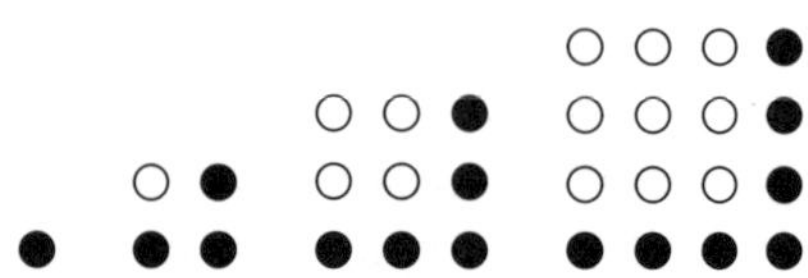

Os números poligonais têm sido estudados desde o tempo de Pitágoras, e muitas vezes foram usados como base para talismãs. Observe como o número triangular ou quadrado anterior é incrementado para formar o próximo na série.

NÚMEROS TRIANGULARES	NÚMEROS QUADRADOS
1	1
3 = 1 + 2	4 = 1 + 3
6 = 3 + 3	9 = 4 + 5
10 = 6 + 4	16 = 9 + 7
15 = 10 + 5	25 = 16 + 9
21 = 15 + 6	36 = 25 + 11
28 = 21 + 7	49 = 36 + 13

Quadrados Mágicos

Um quadrado mágico é um arranjo de números em uma grade, de forma que cada linha horizontal, vertical e diagonal de números quando somadas resultam no mesmo total, chamado de constante mágica. O menor quadrado mágico (excluindo-se o quadrado com o número 1 dentro dele) tem três quadrados em cada lado e a constante mágica é 15:

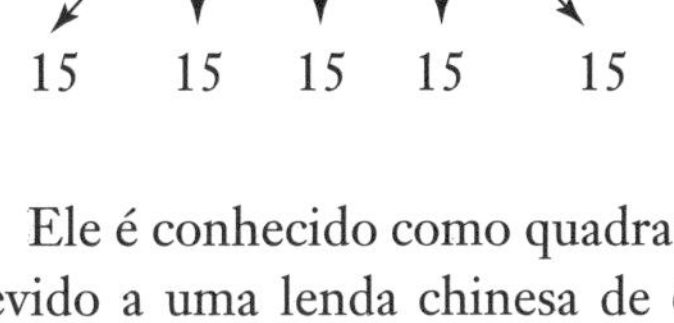

Ele é conhecido como quadrado Lo Shu, devido a uma lenda chinesa de 650 a.C. A lenda conta como os habitantes de um vilarejo tentaram apaziguar o espírito do rio Lo, que transbordava, quando uma tartaruga saiu da água com marcas nas costas que

Antoni Gaudí incorporou um quadrado mágico na catedral da Sagrada Família em Barcelona. O número mágico é 33, a suposta idade de Cristo na sua morte.

representavam o quadrado mágico. O padrão adquiriu propriedades de ritual ou talismã para o povo local.

Os quadrados mágicos são conhecidos há aproximadamente 4.000 anos. Eles foram encontrados no antigo Egito e na Índia, e foram atribuídos a eles poderes especiais pelas culturas ao redor do mundo. Os primeiros quadrados mágicos conhecidos com cinco e seis números em cada lado são descritos em um texto árabe, o *Rasa'il Ihkwan al-Safa* (*Encyclopedia of the Brethren of Purity*), escrito em Bagdá por volta de 983. O primeiro Europeu a escrever sobre quadrados mágicos foi o estudante grego bizantino Manuel Moschopoulos, em 1300.

O matemático italiano Luca Pacioli, que descreveu o sistema de dupla entrada em contabilidade em 1494, reuniu e estudou os quadrados mágicos, ele também compilou um tratado sobre enigmas e mágica que ficou oculto nos arquivos da Universidade de Bolonha até ser publicado em 2008.

Pi

Assim como os números que formam séries ou padrões, há vários números isolados estranhos e significativos. O primeiro a ser descoberto foi o número pi, ou π. Esse número define a relação entre o diâmetro do círculo e sua circunferência, de modo que a circunferência é

$$\pi d$$

onde *d* é o diâmetro. O valor de π é um número decimal com um número infinito de dígitos após o ponto decimal. Ele começa com 3,14159 (que é uma aproximação suficiente para a maioria das finalidades).

O fato de que a relação entre o diâmetro de um círculo e sua circunferência é sempre a mesma é conhecido há tanto tempo que suas origens não podem ser definidas. O egípcio Ahmes Papyrus, c.1650 a.C., usa o valor $4 \times (8/9)^2 = 3{,}16$ para π. Na Bíblia, as medidas relacionadas com a construção e aparelhamento do tempo de Salomão, c.950 a.C., usa o valor de 3 para π.

O primeiro cálculo teórico parece ter sido feito por Arquimedes de Siracusa (287-212 a.C.). Ele obteve a aproximação

$$223/71 < \pi < 22/7$$

Ele sabia que o valor não era correto, mas a média dos dois limites é 3,1418, um erro de aproximadamente 0,0002.

Outros matemáticos refinaram a aproximação descobrindo mais casas decimais.

e

Outro número estranho muito significativo é e. O valor de e foi descoberto primeiro por Jakob Bernoulli, que tentou descobrir o valor da expressão

$$\lim_{n\to\infty}\left(1+\frac{1}{n}\right)^n$$

quando trabalhava no cálculo de juros compostos. Essa expressão, quando avaliada, produz a série que define o valor de e.

O primeiro uso conhecido da constante, representada pela letra b, está nas cartas de Gottfired Leibniz para Christiaan Huygens, escritas entre 1690 e 1691. Leonhard Euler foi o primeiro a usar a letra e para a constante em 1727, e o primeiro uso publicado de e foi em 1736. Ele possivelmente a escolheu por ser a primeira letra da palavra "exponencial".

e tem um número infinito de dígitos depois do ponto decimal, conforme é definido (entre outros métodos) como a soma de todos os números em uma série infinita – veja painel, página 45.

IRREAL!

O número imaginário, *i*, é definido como a raiz quadrada de menos 1.

O termo número imaginário foi usado pelo filósofo e matemático francês René Descartes (1596-1650) como um termo pejorativo, mas agora significa um número que envolve a raiz quadrada imaginária de -1:

$$i^2 = -1$$

(Um número negativo não pode "realmente" ter uma raiz quadrada porque quando um número é elevado ao quadrado, seja ele positivo ou negativo, o resultado é sempre positivo.)

Um número complexo z é definido como

$$z = x + iy$$

onde x e y são números ordinários.

Gerolamo Cardano encontrou pela primeira vez os números imaginários e complexos no século 16, enquanto trabalhava na solução de equações cúbicas de Niccolo Tartaglia, mas ele não os considerou úteis ou válidos. Eles foram descritos e investigados primeiro por Rafael Bombelli em 1572.

No entanto, até os números negativos eram desacreditados naquele tempo, portanto as pessoas tinham pouco tempo para números imaginários. Foi no século 18 que eles começaram a ser considerados mais seriamente. Eles foram mais apropriadamente apresentados aos matemáticos por Carl Friedrich Gauss em 1832. Estranhamente, os números especiais se juntam na expressão que foi considerada como a mais surpreendente de toda a matemática:

$$e^{\pi i} + 1 = 0$$

Essa expressão, conhecida como identidade de Euler, é um caso especial de uma regra que relaciona números complexos e funções trigonométricas.

Números impronunciáveis

O conceito de se banir um número pode parecer bizarro, mas isso aconteceu por milênios e continua acontecendo hoje. Alguns números foram considerados tão difíceis ou perigosos de se encarar que foram considerados ilegais por governos ou matemáticos. Mas um número banido não desaparece, ele simplesmente fica escondido por um tempo.

O matemático grego Pitágoras demonstra seu teorema dos triângulos retângulos desenhando no chão.

A Purga de Números de Pitágoras

O matemático Pitágoras, da Grécia Antiga, não reconhecia os números irracionais e baniu a consideração pelos números negativos em sua Escola (um número irracional é aquele que não pode ser expresso como uma relação entre dois números inteiros; assim, 0,75 é um número racional porque ele é igual a ¾, mas π é irracional). Pitágoras não sabia que seu banimento de números irracionais causaria problemas. Seu teorema, que determina o comprimento de um lado de um triângulo retângulo conhecendo-se o comprimento dos outros dois lados, imediatamente encontra problemas se forem reconhecidos apenas números racionais. O comprimento da hipotenusa (lado mais comprido) de um triângulo retângulo com dois lados igual a 1 é a raiz quadrada de dois – um número irracional (~ 1,414).

1

1

Pitágoras não era capaz de provar pela lógica que os números irracionais não existem, mas quando Hipaso de Metaponto (nascido em c.500 a.C.) demonstrou que a raiz quadrada de 2 é irracional e argumentou sobre sua existência, diz a lenda que Pitágoras o afogou. Hipaso teria demonstrado sua descoberta a bordo de um navio, e isso foi uma atitude impensada porque Pitágoras o teria atirado ao mar.

O banimento de Pitágoras era baseado em sua objeção estética e filosófica à existência dos números irracionais. Outros censores tinham razões políticas, econômicas e sociais para tentar deixar de fora certos números ou categorias de números.

> *"É controvertida a questão dos números irracionais existirem ou não. Porque ao estudar as figuras geométricas, onde os números racionais nos abandonam, os números irracionais ocupam seu lugar, e mostram precisamente o que os números racionais são incapazes de mostrar... somos motivados e obrigados a admitir que eles estão corretos..."*
>
> Michael Stifel, matemático alemão (1487-1567)

Árabes *Versus* Romanos

Houve uma considerável resistência à introdução de numerais hindu-arábicos na Europa durante a Idade Média. A facilidade com que a aritmética podia ser executada com o novo sistema de numeração tornou esse sistema atraente. Como o sistema de numeração hindu-arábico ameaçava democratizar os números, eles foram demonizados por aqueles que tinham interesse em restringir o domínio dos números e reter isso como um instrumento especial das elites. Se a matemática fosse aberta a todos, uma fonte de poder seria perdida. A Igreja Católica queria manter controle da educação e manter seu controle sobre os números, e além disso era contrária à influência do mundo islâmico sobre os assuntos religiosos. Os matemáticos que usavam o sistema antigo da matemática através do ábaco eram protegidos pela Igreja. Era tão forte a oposição à popularização dos numerais hindu-arábicos que, segundo se diz, algumas pessoas foram queimadas vivas como hereges por usá-los. No entanto, mercadores e contadores queriam usar o novo sistema porque ele tornava suas tarefas mais fáceis. A batalha entre os algoristas – aqueles que usavam algoritmos, ou métodos de cálculo, com os numerais hindu-arábicos – e os abacistas – aqueles que usavam o ábaco e os numerais romanos – durou séculos. O surgimento da impressão na Europa eventualmente contribuiu para o predomínio do sistema hindu-arábico. A disseminação dos métodos aritméticos tornou-se fácil e não foi mais possível conter a marcha dos números.

Eventualmente, é claro, o sistema dominante cedeu à pressão e o sistema numérico que usamos hoje triunfou. Mas os numerais romanos e o ábaco continuaram a ser usados em alguns aspectos da vida por muitos anos.

A França foi a primeira a se libertar da tirania do ábaco. Após a Revolução Francesa (1789), houve uma reviravolta completa e o uso do ábaco foi banido das escolas e dos escritórios governamentais.

Lady Arithmetic rejeita o ábaco em favor dos numerais hindu-arábicos na Margarita Philosophica por Gregorius Reisch, 1503.

O SEGREDO DO ZERO

Os nomes para o "zero" em uso na época em que os números hindu-arábicos foram banidos na Europa eram *cifra, chifre, tziphra* e assim por diante. Esses nomes passaram a significar o sistema numérico completo que incluía o zero. Como o sistema era usado secretamente, o nome também passou a significar um código ou segredo e se transformou na palavra "cifra".

666 – O Número da Besta

Muitas religiões dependem muito do simbolismo dos números e usam métodos numéricos especiais para descobrir ou ocultar segredos. Nos primeiros anos do cristianismo, os romanos estavam usando como talismã o quadrado mágico do Sol. Nesse quadrado mágico de seis números por seis números, os números de 1 a 36 estavam dispostos de maneira que as filas, colunas e diagonais somavam 111. A soma de todos os números de 1 a 36 dá 666. A Igreja baniu o uso do quadrado mágico porque, no cristianismo, 666 é o Número da Besta, considerado como o inimigo de Deus identificado no Livro da Revelação. A posse do quadrado mágico tornou-se transgressão punida com a morte.

Não aos Negativos

Na Europa durante a época da Renascença, os números negativos não eram reconhecidos. Soluções para os problemas matemáticos que incluíam números negativos muitas vezes eram descartadas. Apesar dos antigos matemáticos chineses e indianos terem explicado o uso dos números negativos, geralmente relacionando-os com débitos econômicos, os matemáticos na Europa lutavam

666 simboliza o fim do mundo para os cristãos, mas na cultura chinesa ele é considerado um número da sorte.

contra eles. Michael Stifel, por exemplo (veja painel, página 60), chamou de "números absurdos" os números menores do que zero. O matemático francês Albert Girard (1595-1632) provavelmente foi o primeiro acadêmico importante a aceitar totalmente os números negativos em soluções, mas só no início do século 19 que houve um fundamento adequado para a aritmética com números negativos.

Dígitos Perigosos

666 não é o único número específico a ser demonizado. Na China, é ilegal usar a data do massacre da praça Tiananmen

Vários milhares de pessoas foram mortas no massacre da praça Tiananmen, em 4 de junho de 1989. É ilegal usar a data do massacre como número PIN ou senha na China.

(8964, 4 de junho de 1989) como senha ou número PIN, ou em qualquer outra forma que possa vincular esse número com o evento (exceto como próximo número na sequência natural de contagem).

Nos Estados Unidos, há um número hexadecimal (32 dígitos) que adquiriu o *status* de "número ilegal". Ele é a chave para a codificação de DVDs de alta definição, e sua publicação é tecnicamente ilegal (pois o uso dessa chave com o mecanismo apropriado tornaria possível decodificar os DVDs). O AACS (Advanced Access Content System) declara que ele é um *copyright circumvention device* (uma espécie de dispositivo de proteção de direitos autorais) – a posse de um *copyright circumvention device* é uma transgressão à Digital Millenium Copyright Act (US, 1998). No entanto, pouco tempo após ele ser revelado, o número "secreto" foi publicado em 300.000 web sites; as tentativas de removê-lo do domínio público foram totalmente inúteis.

A AACS também declara possuir muitos outros números usados para encriptação, mas não dirá o que eles são (pois a utilidades desses números depende de eles serem secretos). A única característica "especial" desses números é que eles não são totalmente especiais, mas são gerados como números aleatórios. Compreende-se que há uma grande oposição à noção de que qualquer pessoa possa "possuir" um número e evitar que outros possam conhecê-lo ou utilizá-lo. Como retaliação e zombaria à AACS, os entusiastas de computadores rapidamente reivindicaram seus próprios números que quaisquer outras pessoas seriam proibidas de usar. Então vamos parar por aqui. Nenhum número mais pode ser usado neste livro, pois sempre haverá alguém que é proprietário dele!

Continuando

O exame dos números e suas propriedades é algo muito interessante, e era muito bom para os antigos gregos (que ridicularizavam as aplicações da matemática), mas para muitas pessoas o valor da matemática se baseia em grande parte em sua utilidade. Os números nos permitem medir, contar, fazer coisas, controlar a economia e examinar o universo ao nosso redor. Na verdade, eles são a chave de toda a ciência e muito da arte, e desempenharam um papel fundamental em todas as civilizações.

Os números controlam e definem a economia do mundo, portanto têm impacto em todas as nossas atividades.

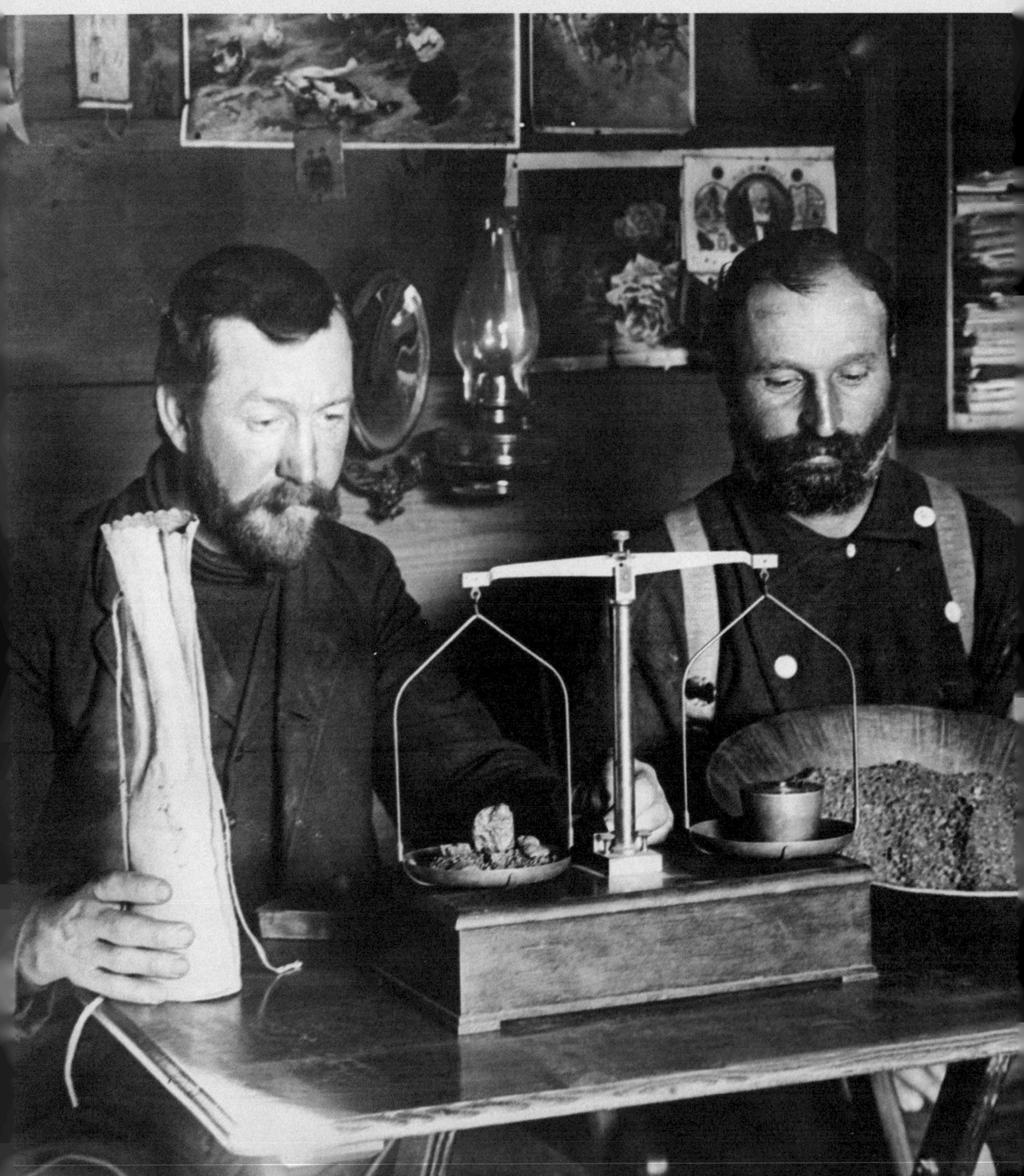

CAPÍTULO 3

A FORMA das coisas

Nem tudo pode ser contado. Uma manada de gado contém um número específico de animais; até mesmo um campo contém um número específico de folhas de capim que poderiam, teoricamente, ser contadas. Mas algumas coisas só podem ser medidas – não podemos contar quanta água tem uma piscina ou contar a distância entre uma colina e o mar, embora seja bom poder quantificar essas coisas.

A geometria – trabalhar com distâncias, áreas e volumes no mundo real – foi uma das primeiras aplicações da matemática (a palavra é derivada do grego *geo*, "terra", e *metron*, "medida").

É provável que alguns dos primeiros cálculos utilizados se relacionassem com a construção de monumentos, demarcação de terra ou manufatura de artefatos para fins religiosos. O primeiro passo necessário foi desenvolver unidades de medida, o que por si só já é um grande passo conceitual em relação à contagem. A medição faz uma distinção artificial, dividindo algo contínuo em unidades nominais.

A Corrida do Ouro produziu ouro para ser pesado,, não moedas a serem contadas.

A medida de tudo

Medições são essenciais a partir do momento em que uma sociedade começa a assumir propriedade da terra ou comercializar qualquer coisa, como os objetos mais básicos, ou construir qualquer coisa, mesmo que as estruturas mais simples. As primeiras civilizações precisavam ser capazes de medir distâncias, áreas, volumes e tempo. Algumas coisas que podiam ser contadas, como, por exemplo, grãos de trigo, são mais facilmente medidas por volume também. Mas as unidades de medida não foram desenvolvidas metodicamente. A grande variedade de medidas ainda em uso na Inglaterra e nos Estados Unidos é o legado dos primeiros sistemas que se originaram na antiga Babilônia, Egito e Império Romano, vindo depois os sistemas com influência escandinava, céltica, germânica e árabe.

*Um apontador (*tally man*) em um campo de lúpulo inglês: os colhedores eram pagos por* bushels *(uma medida de volume) e recebiam metade de uma varinha (*half a tally stick*) como recibo de pagamento.*

No Comprimento do Braço

Muitos dos primeiros sistemas de medidas, da China até a América Pré-Colombiana, eram baseados em dimensões do corpo humano ou objetos comuns, como grãos de trigo. Os americanos (e ingleses mais antigos) ainda medem pequenas distâncias em pés, e um grão ainda é usado como unidade de peso (é o peso de um grão de cevada, e tem permanecido constante por mais de 1.000 anos). A medida de ouro e pedras preciosas, o quilate, tem sua origem nas sementes de alfarroba usadas originalmente pelos joalheiros árabes para pesar metais e pedras preciosos. A alfarroba tem sementes notavelmente uniformes no peso, tornando-as ideais para medir artigos muito valiosos.

O cúbito, a unidade de comprimento familiar do Antigo Testamento, com a qual Noé mediu sua arca, era uma medida egípcia igual à distância do cotovelo até à ponta dos dedos. Ela era subdividida em outras unidades que também se relacionavam com partes do corpo:

À FRENTE DE SEU TEMPO

Os habitantes do Vale do Indo estavam entre os primeiros a produzir um sistema unificado de pesos e medidas, e podiam medir distância, massa e tempo com grande precisão. Sua menor unidade de medida, de 1,7 mm, é a menor conhecida dentre as civilizações da Era do Bronze.

1 cúbito = 28 dígitos (um dígito é a largura de um dedo)

4 dígitos = 1 palmo

5 dígitos = 1 mão

12 dígitos = 1 vão pequeno

14 dígitos = 1 vão grande

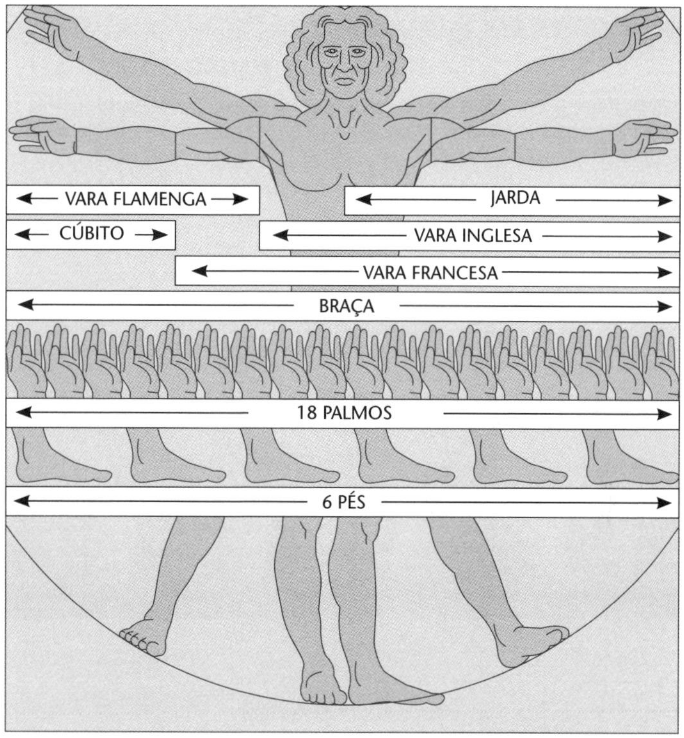

As unidades históricas conforme mostra esta cópia do Homem Vitruviano de Leonardo Da Vinci.

Mas o corpo humano existe em todos os tamanhos e formas, portanto a "mão" de uma pessoa pode ser igual ao "palmo" de outra. Para superar as dificuldades óbvias e eliminar o potencial para disputas, eram necessárias medidas padronizadas. Os bastões de um cúbito usados no Egito eram todos copiados de um padrão real feito com granito preto medindo 524 mm (20,62 polegadas). O sistema conseguiu impor a uniformidade. A Grande Pirâmide em Gizé foi construída sobre uma base quadrada de 440 por 440 cúbitos com uma variação de não mais de 0,05 por cento em qualquer dos lados – resultando em uma precisão de 115 mm em 230,5 metros.

Pés Romanos

O pé, dividido em doze polegadas, teve origem entre os romanos, embora o pé deles provavelmente fosse equivalente a 11,65 polegadas modernas, ou 296 mm (há algumas variações no pé romano que parecem ser propositais, mas nunca foram totalmente explicadas). Eles tinham também um palmo, que era um quarto de um pé. Distâncias maiores eram medidas em furlongs (ou *estádio*), léguas e milhas. Um *furlong* tinha 1/8 de uma milha, uma milha tinha 5.000 pés e uma légua tinha 7.500 pés. Essas medidas, juntamente com as medidas romanas para peso baseadas em libras e onças, se espalharam pela Europa e, centenas de anos depois, para o mundo todo.

Pés Grandes e Pés Pequenos

Séculos após a queda de Roma, medidas se desenvolveram e proliferaram pela Europa, mas não havia uniformidade. O comprimento de um pé ou o peso de uma libra variava de um lugar para outro e às vezes de acordo com o que estava sendo medido. Assim, um galão de vinho continha 231 polegadas cúbicas, mas um galão

DANDO O TOM

Os pesos e medidas chineses foram desenvolvidos independentemente daqueles do Ocidente e Oriente Médio. O sistema era único pelo fato de incorporar acústica em seus padrões. O recipiente padrão para medir volumes de vinho ou grãos era definido pelo peso que ele podia conter, sua forma e o timbre do som que ele emitia quando golpeado. Dois vasos da mesma forma, material e peso somente emitirão o mesmo som se tiverem volumes iguais. A mesma palavra em chinês é usada para "tigela de vinho", "medida de grão" e "sino".

A China vai adotar o sistema métrico devido ao aumento no comércio com o resto do mundo, mas o antigo sistema de pesos e medidas persiste em grande parte do país.

de cerveja tinha 282 polegadas cúbicas (o primeiro, conhecido como Queen Anne gallon – Galão da Rainha Ana –, ainda é o galão padrão nos Estados Unidos, embora na Inglaterra o galão tenha sido redefinido em 1824).

A padronização veio lentamente, resultante de atos legislativos em diferentes países. Nos Estados Unidos, as antigas unidades inglesas sobreviveram após a Inglaterra as ter redefinido, resultando na discrepância entre unidades imperiais inglesas e americanas hoje.

Pesos e Dinheiro

Não é por coincidência que a libra (pound) foi a unidade de peso e a moeda na Inglaterra por muitos séculos. Quando as moedas eram feitas com metais preciosos, seu peso era importante, porque peso e valor eram equivalentes.

"Uniformidade de pesos e medidas, uniformidade permanente e universal, adaptadas à natureza das coisas, para a organização física e aperfeiçoamento moral do homem, seria uma bênção de magnitude tão elevada que, se existisse na terra uma combinação de poder e vontade, adequados para obter o resultado pela energia de um único ato, o ser que o exercesse estaria entre os maiores benfeitores da raça humana."

John Quincy Adams, Secretário de Estado Americano, 1821

Os romanos introduziram a libra, que depois foi transformada para decimal e pode algum dia dar lugar ao Euro.

O shekel dos hebreus foi talvez a primeira medida usada para dinheiro e peso, e os romanos introduziram a libra, que foi então usada na Europa pelos 2.000 anos seguintes. Em 1266, Henrique III fixou o peso de um penny em 32 grãos de trigo, com 20 pennies formando uma onça e doze onças (antigas) formando uma libra. Oito libras era o peso de um galão de vinho. Embora o 20 e o 12 alternassem suas posições no sistema monetário, com 12 pence formando um shilling e 20 shillings formando uma libra, foi estabelecido o equivalente a 240 pence por libra – tanto sterling quanto avoirdupois. O shilling desapareceu e a moeda foi revisada, mas o legado da libra romana e o penny ainda sobrevivem no sistema monetário Inglês (embora o Euro provavelmente venha a substituí-los).

"Para Todos, Para Sempre"

A comunidade científica mundial agora usa as unidades SI (*Système International d'Unités* – Sistema Internacional de Unidades) com as sete unidades métricas padrão (grama, metro, Kelvin, ampère, candela, mol e segundo). O sistema métrico foi desenvolvido no século 18 na França. A necessidade de um sistema de medidas mais simples, unificado e padrão foi apontada pelo pároco e matemático Gabriel Mouton, em 1670, mas

QUASE PERDIDO

Um sistema métrico idêntico àquele eventualmente introduzido na França foi proposto em 1668 pelo Bispo John Wilkins, fundador da Royal Society, na Inglaterra. Em um longo livro sobre a possibilidade de uma linguagem internacional, ele propôs um sistema integrado de medidas baseado em um sistema decimal quase idêntico ao moderno sistema métrico. Sua unidade de medida tinha 997 milímetros – quase um metro exato. A unidade de volume era o equivalente ao litro. O sistema proposto por Wilkins nunca foi promovido e foi ignorado até ser redescoberto pelo pesquisador australiano Pat Naughtin em 2007.

CINCO ESTRELAS OU "LOUCO COMO UMA BESTA"?

Escalas numeradas podem ser usadas para comparações qualitativas. A classificação por estrelas usada comumente para classificar hotéis é um exemplo familiar e universal de uma escala de qualidade. A **badger rating** (escala de loucura) para graus de excentricidade usada em partes do sul da Inglaterra é um sistema localizado. Muitos websites convidam os usuários a avaliar as preferências e experiências numericamente. Há toda uma ciência para se avaliar a eficácia de tais sistemas de avaliação.

foram necessários outros 120 anos para que alguma coisa fosse feita para criá-lo.

Em 1790, Charles-Maurice de Tallyrand voltou ao assunto novamente e a Academia Francesa de Ciências recomendou que uma equipe determinasse a distância do Polo Norte até o Equador, passando por Paris. O primeiro estágio era medir a distância no meridiano de Dunkerque, no norte da França, até Barcelona, na Espanha. Um dia depois do Rei Luis XVI ter dado sua aprovação, ele foi aprisionado pelos chefes da Revolução Francesa. Como resultado, somente um ano depois a expedição começou e enfrentou muitas dificuldades. A guerra entre a França e a Espanha retardou tanto o projeto que foram necessários 6 anos para completar a jornada. Mas em 1799, o sistema métrico foi formalizado com duas novas unidades de medida, destinadas a serem universais e permanentes.

Luis XVI deu sua permissão para a expedição – ele foi guilhotinado cinco meses depois.

UMA LINHA DO TEMPO DOS PESOS E MEDIDAS

c.3000 a.C.
Os Egípcios desenvolvem um padrão real para sua medida básica de comprimento, o cúbito.

c.220 a.C.
O primeiro imperador chinês, Shi Huang Di (r.221-209/210 a.C.), padroniza todos os pesos e medidas, especificando até o comprimento exato dos eixos a serem usados nas carroças.

c.800
O Sagrado Imperador Romano, Carlos Magno (r.768-814), tenta regular os pesos e medidas.

960
O primeiro rei de toda a Inglaterra, King Edgar (r.957-975), decreta que pesos e medidas devem estar de acordo com um padrão mantido em Londres.

1215
Um padrão nacional inglês para pesos e medidas é estabelecido e incluído na Magna Carta, o alvará foi concedido por King John (1199-1216).

1266
Henrique III fixa a relação entre dinheiro e peso na moeda Inglesa, atribuindo a um penny o peso de 32 grãos de trigo e 240 pence formando a libra (pound).

1352
Eduardo III da Inglaterra estabelece que uma Stone é igual a 14 pounds (libras), um valor que permanece até os dias de hoje.

1496
Novo padrão para pesos e medidas é lançado na Inglaterra.

1588
Novos padrões são lançados por Elizabeth I na Inglaterra (r.1558-1603).

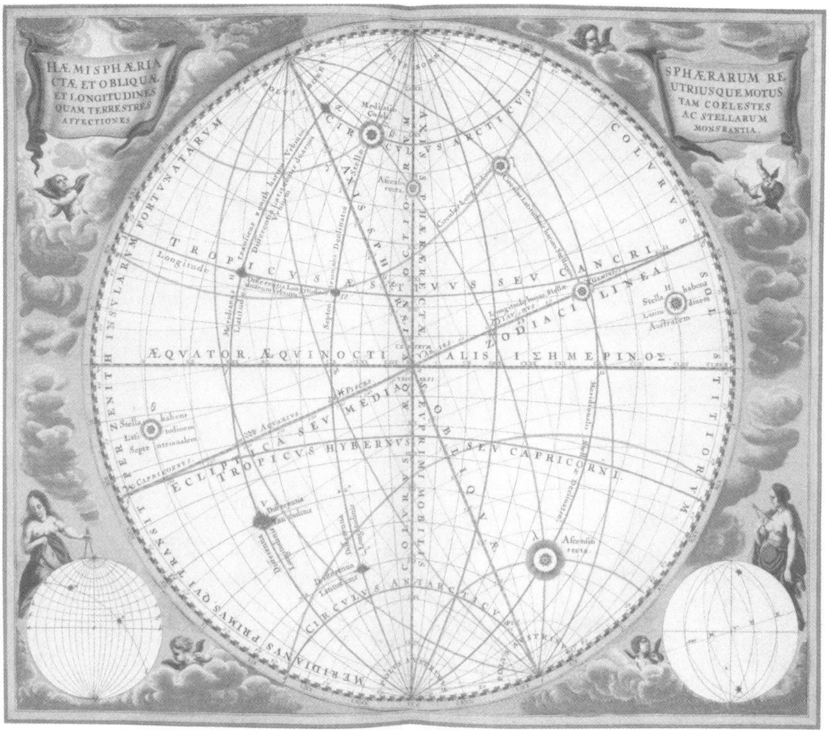

Um mapa dos céus, do Harmonia Macrocosmica Atlas de Cellarius (1660).

1668
John Wilkins propõe um sistema métrico universal de pesos e medidas na Inglaterra.

1670
Gabriel Mouton propõe um sistema métrico de pesos e medidas na França.

1707
Um galão de vinho é definido como 231 polegadas cúbicas. A medida tinha sido usada desde o tempo de Edward I (r.1272-1307), mas a lei de 1707 fixou o tamanho.

1790
A primeira mensagem de George Washington ao Congresso estabelece a necessidade de "uniformidade na moeda, pesos e medidas"; o Congresso adota o sistema de pesos e medidas inglês.

1799
São definidos padrões para o sistema métrico em Paris, França.

1824
Redefinição dos pesos e medidas no Reino Unido, levando em conta pela primeira vez as condições nas quais as quantidades devem ser pesadas e medidas ao estabelecer os padrões.

1866
A Lei Métrica (Metric Act) permite o uso do sistema métrico nos Estados Unidos.

1878
A jarda é redefinida no Reino Unido.

1960
O novo Système International d'Unités (Sistema Internacional de Unidades ou SI) é formulado em Paris, França, na 11ª Conferência Geral de Pesos e Medidas.

O metro foi definido como um décimo de milionésimo do quadrante meridional da terra; o grama era a massa de um centímetro cúbico de água pura a 4°C (a temperatura na qual a água tem a densidade máxima). Um cilindro de platina, o Quilograma dos Arquivos, tornou-se o padrão para o quilograma (1.000 gramas).

O quilograma padrão agora é feito de uma liga de platina-irídio mantido em Sèvres, próximo de Paris; o quilograma é a única unidade base ainda definida por um objeto físico. Estão sendo feitas tentativas de encontrar uma maneira melhor de definir o quilograma.

A antiga geometria

A geometria lida com distâncias e ângulos, com linhas, áreas e volumes. Em suas formas mais simples e antigas, ela funciona com linhas e formas lineares em um plano. Mas partindo daí ela se ampliou para lidar

NÚMEROS TOLOS?

Fazer cálculos com 1.760 jardas em uma milha, as 16 onças de uma libra ou os 160 varas quadradas que formam um acre tem sido o terror da vida de muitos estudantes. O sistema métrico parece mais simples se baseado em múltiplos de dez e com relações claras entre as medidas de diferentes quantidades. Mas as unidades SI tem alguns números ainda mais bizarros nas definições. Um metro agora é a distância percorrida pela luz no vácuo em 1/299.792.458 de um segundo. E um segundo é a duração de 9.192.631.770 ciclos da radiação associada com uma mudança específica no nível de energia de um átomo do isótopo césio-133.

Em 1793 um metro foi definido como 1/10.000.000 da distância do Polo ao Equador; agora ele é definido pela velocidade da luz.

STONEHENGE

Stonehenge é um vasto conjunto de círculos concêntricos de rocha e buracos que talvez se destinava a conter colunas ou outras rochas próximo de Salisbury em Wiltshire, Inglaterra. Os restos do monumento, construído em três fases durante um período de aproximadamente 1.000 anos entre 3.000 e 2.000 a.C., consiste de enormes rochas de apoio, algumas delas com vergas de rocha por cima. O conjunto mostra uma habilidade para trabalhar com círculos no espaço, e as vergas de rocha curvas demonstram um entendimento dos arcos de um círculo – quando tudo estava montado, as vergas de rocha teriam formado um verdadeiro círculo, não uma série de rochas retas. As únicas ferramentas disponíveis para os construtores eram picaretas feitas com cornos de veados e machados de pedra, embora eles fossem capazes de calcular e medir partes de um círculo e distâncias. O eixo nordeste se alinha com a posição do sol nascente no solstício de verão, sugerindo que foi desenvolvida alguma forma de calendário.

Stonehenge é aproximadamente tão antigo quanto as pirâmides em uma escala menor. Ele foi construído também com um conhecimento sofisticado da geometria e do movimento do sol.

com linhas curvas no espaço tridimensional e mesmo com espaços curvos em mais dimensões que nos ajudam a explicar a verdadeira estrutura do universo. Em seu caminho, ela nos proporcionou a arquitetura, astronomia, óptica, perspectiva, cartografia, balística e muito mais.

Alguns dos primeiros objetos decorados têm padrões simétricos.

Padrão e Simetria: a Essência da Geometria

Os primeiros contatos com a geometria são anteriores aos sistemas de números escritos. Muitos povos antigos deixaram evidências de seu interesse por padrões repetidos, simetrias e formas na forma de pa-

As inundações anuais do Nilo, que apagavam a marcação das fronteiras, foram um dos causadores do desenvolvimento da matemática no Antigo Egito.

drões geométricos decorando seus objetos, estruturas e residências.

Alguns desses padrões datam de 25.000 a.C. Antigas estruturas construídas ou alinhadas com precisão considerável são outros testemunhos do domínio de alguma forma simples de geometria pelos nossos ancestrais.

Problemas com a Terra

Os problemas práticos da geometria devem ter surgido nos projetos de construção muito antes de eles serem registrados na forma escrita. Os sumérios, os babilônios e os egípcios tornaram-se grandes adeptos do trabalho com a geometria de formas bidimensionais e objetos tridimensionais, calculando distâncias, áreas e volumes. Documentos de aproximadamente 3100 a.C. revelam que os egípcios e babilônios já tinham algumas regras matemáticas para medir recipientes de armazenamento, medir extensões de terrenos e planejar construções. A Grande Pirâmide de Gizé foi construída por volta de 2650 a.C., demonstrando que os egípcios já tinham um bom domínio da geometria.

Heródoto (c. 484-425 a.C.) tem sido chamado de "o Pai da História".

De acordo com o historiador grego Heródoto, os egípcios precisavam ser capazes de calcular áreas porque as inundações sazonais do Nilo apagavam as divisas das propriedades. Eles precisavam de marcas e técnicas de pesquisa para restaurá-las corretamente. Os geômetras egípcios às vezes eram chamados de "esticadores de cordas" devido à maneira como mediam e marcavam distâncias e formas usando cordas. As mesmas técnicas sem dúvida

GEOMETRIAS ESTRANHAS

Enormes padrões geométricos desenhados no Deserto de Nazca, no Peru, transformam-se em hieróglifos quando observados em vista aérea. Eles foram criados pela cultura nazca entre 200 a.C. e 600 d.C. Há 70 figuras individuais, variando em complexidade desde simples linhas e formas geométricas até animais estilizados, plantas e árvores. O significado é desconhecido, mas sua construção é uma evidência de alguma habilidade considerável em geometria de um povo sobre o qual pouco sabemos.

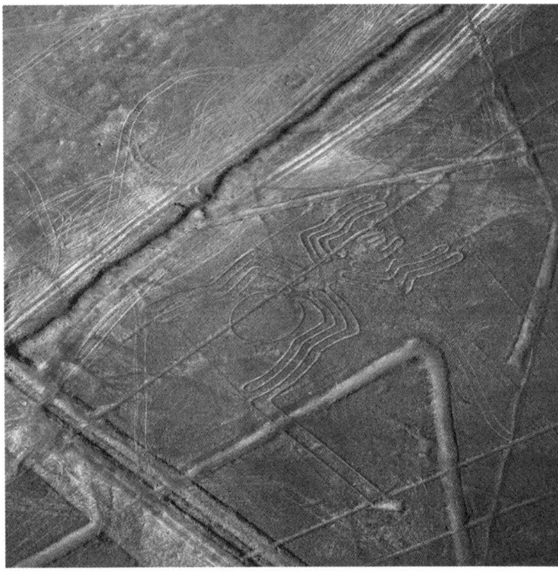

O clima muito seco do Deserto de Nazca ajudou a preservar os gigantescos padrões geométricos desenhados na terra aproximadamente 2000 anos atrás.

serviram igualmente bem para demarcar extensões de terreno para projetos de construção, bem como recuperar a terra que foi inundada.

Escrevendo

O primeiro documento matemático conhecido é o papiro de Ahmes (às vezes chamado de papiro Rhind), do Egito. Ele foi escrito pelo escriba Ahmes por volta de 1650 a.C., copiando de um texto mais antigo, escrito aproximadamente 200 anos antes, que por si só deveria conter material ainda mais antigo. Trata-se de uma peça de 33 cm de altura por 5 metros de comprimento (1 pé por 18 pés). Ele apresenta 84 problemas matemáticos, abrangendo tópicos em aritmética, álgebra, geometria e também pesos e medidas. Para alguns dos problemas são dadas apresentações estritamente práticas, por exemplo, um campo redondo tem um diâmetro de 9 *khet*. Qual é a área? O chamado papiro de Moscou, da mesma data, inclui instruções para calcular o volume de parte de uma pirâmide.

Esta placa de argila da Babilônia apresentando um problema de geometria tem cerca de 4000 anos de idade.

Devido aos Egípcios terem escrito em papiro, que é frágil, poucos escritos matemáticos sobreviveram. O povo da Mesopotâmia, o vale fértil drenado pelos rios Tigre e Eufrates, escreveu em tábuas de argila que eles cozeram ao fogo. Estas duram muito mais e mais de 100.000 delas sobreviveram. Uma tábua de argila da Babilônia datando de aproximadamente 1800-1650 a.C. foi interpretada como apresentando cálculos para resolver o problema da hipotenusa de um triângulo retângulo. As tábuas também incluem métodos para trabalhar com áreas de retângulos, triângulos e círculos. Por exemplo, um problema pergunta sobre a distância que um pé de uma escada se move se a extremidade superior dela, apoiada contra uma parede, desliza para baixo. Eles incluem uma aproximação para a raiz quadrada de 2 com precisão de até 5 casas decimais. O sistema numérico posicional usado pelos babilônios era mais adequado para todos os tipos de cálculos do que o sistema egípcio – embora seja difícil dizer se o interesse pelos números causou o desenvolvimento do sistema melhor ou resultou dele.

Diferentemente dos egípcios, os babilônios parecem ter tido um conceito de princípios gerais – que algumas afirmações matemáticas sempre serão verdadeiras em qualquer situação de um dado tipo. Por exemplo, uma tábua de argila mostra a relação entre os lados e a diagonal de um quadrado. Os babilônios desenvolveram a relação 1:√2, e a implicação disto é que se pode encontrar a diagonal de *qualquer* quadrado multiplicando-se seu lado por √2.

No entanto, tanto os egípcios quanto os babilônios mostravam um descaso pela precisão. Em alguns casos, seus cálculos davam respostas precisas. Em outros casos, eles usam métodos aproximados para encontrar áreas, mas nunca reconheciam que essas áreas não são precisas.

Por exemplo, a área desta forma,

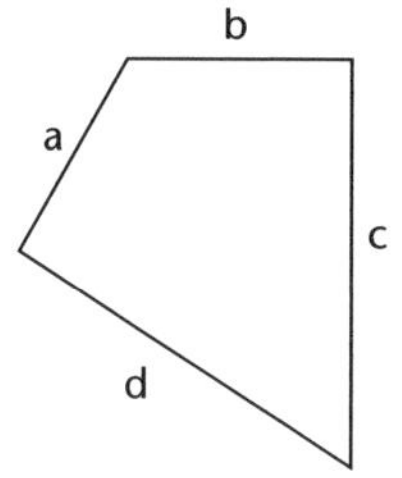

$$\frac{a+c}{2} \times \frac{b+d}{2}$$

eles calculariam como uma fórmula que daria somente um resultado aproximado.

O Nascimento da Matemática

Enquanto os matemáticos, Egípcios e Babilônios, muitas vezes se relacionam com situações práticas particulares, uma civilização posterior, os antigos gregos, teve mais interesse por problemas puramente abstratos. Os ancestrais dos gregos antigos começaram a entrar na península grega pelo norte aproximadamente em 2000 a.C., e era uma força a ser considerada por volta de 800 a.C. Eles se aventuraram pelo Egito e Mesopotâmia, fazendo comércio e aprendendo com seus hospedeiros.

MATEMÁTICA EM VERSOS

Os primeiros textos hindus a apresentar problemas matemáticos foram Sulba sutras, textos em Sanscrito que apresentam problemas e soluções relacionados com a construção e posicionamento dos altares de sacrifício. Havia sutras – coleções de aforismos – sobre muitos tópicos diferentes. Os aforismos foram escritos em versos com comentários e exposições em prosa. Originalmente os sutras foram passados oralmente, sendo que o verso era um auxílio para memorização. Os Sulba sutras estão entre os textos hindus mais antigos, sendo os primeiros talvez de 800 a.C.

Não há nenhuma menção sobre matemáticos gregos antes do século 6 a.C., quando então apareceram Thales e, depois, Pitágoras. Tales de Mileto aparentemente trouxe a matemática da Babilônia para a Grécia por volta de 575 a.C. Ele tem sido chamado de "primeiro matemático" por conta de haver desenvolvido um teorema e demonstrado o mesmo, embora seja impossível afirmar se ele fez isso mesmo. O que sabemos sobre Tales veio de resumos posteriores sobre sua reputação e não sabemos dizer quanto dessa característica mítica lhe pode ser atribuída. O teorema que leva seu nome (o Teorema de Tales) diz que qualquer ângulo inscrito em um semicírculo é um ângulo reto (90º). Isso era conhecido pelos babilônios aproximadamente 1.000 anos antes, e Tales pode ter aprendido isso na Mesopotâmia. Se existiu sua demonstração do teorema, não chegou até nós.

Escrevendo aproximadamente 900 anos após a morte de Tales, Proclus (c.410-485 d.C.) credita a ele vários teoremas fundamentais da geometria:

- um círculo é dividido por qualquer diâmetro;
- os ângulos da base de um triângulo isósceles são iguais;
- os ângulos opostos formados por duas linhas que se intersectam são iguais;
- dois triângulos são congruentes (têm a mesma forma e mesmo tamanho) se dois ângulos e um lado forem iguais.

TALES DE MILETO (c.624-546 a.C.)

Tales foi um dos Sete Sábios da Grécia Antiga. Ele pode ter estudado no Egito quando era garoto e é quase certo que tenha estado em contato com matemáticos e astrônomos egípcios. Se ele escreveu algum trabalho, este não chegou até nós.

Uma história contada por Aristóteles diz como ele era hábil em prever uma boa colheita a partir de observações dos padrões de clima, e comprou todas as prensas de azeitonas de Mileto para provar como a matemática podia torná-lo rico. Diógenes Laércio diz que Tales era capaz de calcular a altura das pirâmides medindo suas sombras, e conta-se que ele usou seu conhecimento de geometria para determinar a distância de um navio até a costa. Ele colocou sua habilidade matemática em uso militar também. Conta-se que ele previu um eclipse que levou a um acordo de paz em uma guerra, e mais tarde ele ajudou o Rei Creso a atravessar um rio com seu exército sugerindo a ele que cavasse um desvio rio acima para reduzir o fluxo até que fosse possível atravessá-lo.

Atribui-se a Tales também um modelo cosmológico da Terra como um vasto disco flutuando na água. Ironicamente, conta-se que Tales morreu de desidratação enquanto assistia a um concurso de ginástica.

Embora Tales possa ser chamado de primeiro matemático, o título de "pai da matemática" geralmente é atribuído a Pitágoras, que viveu cinquenta anos depois. Ele é talvez o matemático grego mais conhecido. Ninguém deve ter passado pela matemática da escola sem ouvir falar do famoso teorema de Pitágoras: que em um triângulo retângulo, o quadrado da hipotenusa é igual à soma dos quadrados dos outros lados.

O TETRACTYS

Para os gregos, o número 10 era o número mais perfeito. Eles o chamavam de **tetractys** e o reverenciavam por ser um número triangular, a soma dos dígitos de 1 a 4, tendo o mesmo número de primos e não primos contidos nele e sendo, nas palavras de Filolau (morto em c.390 a.C.), "grande, todo poderoso e faz-tudo, a origem e o guia do divino como vida terrestre".

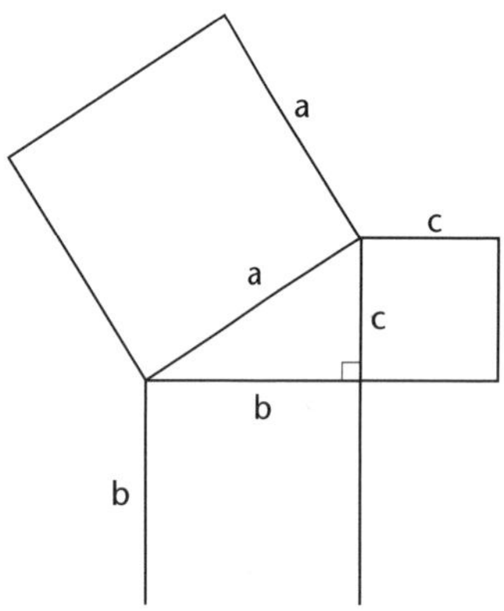

Teorema de Pitágoras:
$a^2 = b^2 + c^2$

É provável, porém, que o teorema tenha sido realmente desenvolvido mais tarde por membros da escola pitagórica, e não pelo próprio Pitágoras. Como Tales, nenhum de seus escritos sobreviveu e dependemos de outros relatos sobre seu trabalho e sua reputação (é possível também que o teorema tenha sido baseado nas conclusões de matemáticos mais antigos).

Os pitagóricos formavam uma irmandade secreta e mantinham o conhecimento em comum, de forma que é impossível fazer atribuições individuais aos trabalhos. Eles se encantavam com os padrões e propriedades dos números e sequências e acreditavam que os números estavam no coração de todas as coisas. O grupo continuou existindo por muitos anos após a morte de Pitágoras.

OS NOVE CAPÍTULOS

O primeiro texto matemático chinês, Os Nove Capítulos sobre a Arte da Matemática, foi produzido pela primeira vez no século 1 a.C. Muitos comentários foram escritos durante os séculos subsequentes, sendo o melhor deles o de Liu Hui em 263 d.C. O texto demonstra o teorema de Pitágoras (derivado de forma independente) e mostra como calcular distâncias como a altura de uma torre vista de uma colina, a largura de um estuário, a altura de um pagode e a profundidade de uma ravina. Trata também do cálculo de áreas e volumes de figuras como trapezoides, círculos, segmentos de círculos, cilindros, pirâmides e esferas.

PITÁGORAS (c.580-500 a.C.)

Pitágoras era um matemático e filósofo jônico (grego). Após viajar pelo Oriente Médio, ele se mudou para o sul da Itália por volta de 532 a.C. para escapar do governo tirânico de sua terra natal, Samos. Ele é mais conhecido pelo teorema que leva seu nome.

Sendo contemporâneo de Buda, Lao Tze e Confúcio, ele fundou a Fraternidade Pitagórica em sua academia em Croton. Tratava-se de um movimento religioso e filosófico que influenciou Aristóteles e Platão e deu uma importante contribuição ao desenvolvimento da filosofia ocidental. Pitágoras e seus seguidores acreditavam que tudo estava relacionado com a matemática e tudo podia ser previsto e medido em padrões rítmicos ou ciclos. Os pitagóricos eram vegetarianos, pois acreditavam na transmigração das almas, e assim qualquer animal poderia abrigar uma alma humana anterior. Eles também, curiosamente, acreditavam que o feijão era especial e não podia ser comido. Conta-se que Pitágoras foi massacrado por uma multidão

raivosa quando ele se recusou a passar através de um campo de feijões para escapar de seus perseguidores.

A Era de Ouro da Grécia Clássica

Atenas, no século 5 a.C., entre as guerras da Pérsia e do Peloponeso, viu um dos maiores florescimentos da vida intelectual na história do mundo. Infelizmente, nenhum texto matemático sobreviveu a esse período e temos apenas alguns fragmentos de documentos dos problemas resolvidos pelos grandes matemáticos da época. Mesmo assim, podemos deduzir o suficiente para perceber que a matemática era buscada pelo seu interesse próprio, para um deleite em conhecimento e porque os gregos acreditavam que o funcionamento da natureza podia ser entendido através da matemática. Para eles, nós temos o conceito do universo como um cosmos harmonioso governado por leis que podem ser descobertas pela razão (e não governadas por uma divindade desconhecida), a ideia de que a

"Todas as coisas que podem ser conhecidas envolvem números; pois não é possível que sem números qualquer coisa possa ser sequer concebida ou conhecida."

Filolau, século 4 a.C.

Os antigos gregos sabiam que a Terra é uma esfera que se move pelo espaço e acreditavam que a matemática seria a chave para entender o universo.

> *"Deus é uma espécie de geômetra muito habilidoso".*
> Sir Thomas Browne, *Religio Medici*, c. 1636

Terra é uma esfera que se move no espaço, e o conceito da prova matemática. Os matemáticos gregos faziam uma distinção entre a matemática prática da vida diária (da qual nada foi registrado) e o alto domínio da matemática e da lógica, que chegou até nós através dos escritos daqueles que se beneficiaram de seu legado.

Três Problemas

Os matemáticos gregos definiram três grandes problemas clássicos em geometria: quadrar o círculo, dividir um ângulo em três partes e dobrar o cubo, tudo isso feito somente com régua e compasso. Esses problemas dominariam os matemáticos por 2.200 anos, até se provar que todos eles eram impossíveis.

O problema de quadrar o círculo aparece inicialmente relacionado com Anaxágoras, um filósofo natural que escreveu o primeiro *best-seller* científico, *On Nature* (Sobre a Natureza – podia-se comprar uma cópia em Atenas por um dracma). Anaxágoras foi preso por negar que o sol fosse uma divindade, dizendo que este era uma enorme rocha incandescente, maior do que toda a península e ilhas gregas, e que a luz refletida do sol iluminava a lua. Enquanto estava na prisão, Anaxágoras ocupou-se tentando descobrir uma maneira de "quadrar o círculo" – dado um círculo, criar um quadrado de área exatamente igual usando somente régua e compasso.

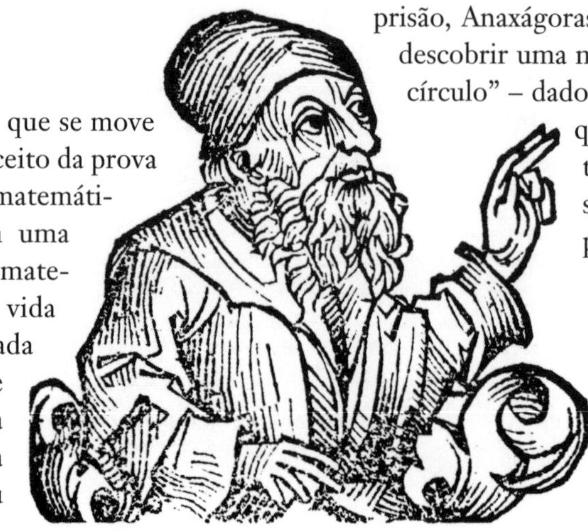

Anaxágoras (c.500-428 a.C.) foi preso por negar que o sol fosse um deus.

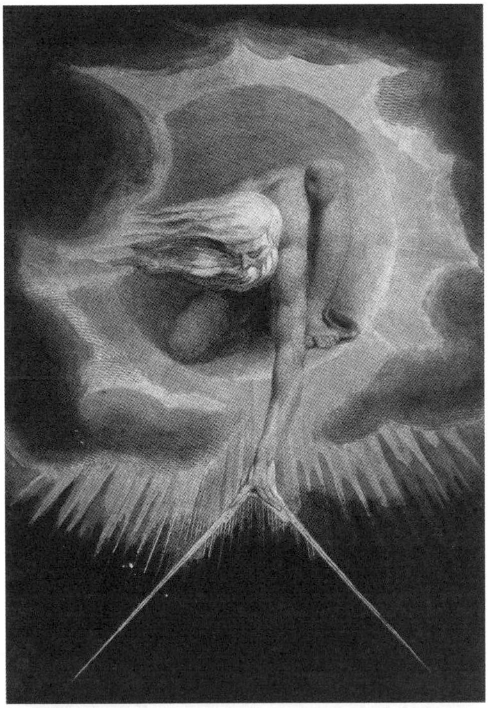

Na obra "The Ancient of Days", o poeta e pintor William Blake representou Deus como arquiteto do universo, produzindo a Terra com instrumentos geométricos.

O problema de dobrar o cubo surgiu na época da grande praga em Atenas (430 a.C.). Aristóteles relata que o povo consultou o oráculo em Delos, e o deus Apolo ordenou que, para eliminar a praga, eles deveriam dobrar o tamanho de seu altar. Eles, de forma simplória, dobraram as dimensões do altar, mas isso naturalmente aumentou seu volume em um fator de oito (2^3), não de dois. Apolo não ficou satisfeito, e a praga continuou matando um quarto da população. O artesão grego, que não pôde fazer o que Apolo queria, pediu a opinião do filósofo Platão. A resposta foi que a intenção do oráculo foi humilhar os gregos por terem negligenciado a matemática e a geometria em particular (há outra versão para a origem desse problema na qual Minos, o rei de Creta, encomendou uma tumba para seu filhinho Glaucus, que morreu quando caiu dentro de um tanque de mel. Minos acha que a tumba proposta é muito pequena e pede que seu tamanho seja dobrado). As escrituras védicas hindus estabelecem que uma segunda súplica em um altar no mesmo lugar da primeira necessitava de um altar cúbico com o dobro do volume do primeiro, e isso pode ter sugerido o problema para os gregos.

O matemático alemão Carl Friedrich Gauss afirmou que não era possível dobrar o volume do cubo usando apenas régua e compasso, e isso foi provado por Pierre Wantzel em 1837.

A praga de Atenas é interpretada, de certa forma, idealisticamente por Michael Sweerts (1618-64).

> *"Procedendo de uma forma mecânica, não estaríamos perdendo irremediavelmente o melhor da geometria?"*
>
> Platão

Dividir um ângulo em três partes é um problema menos interessante e não tem uma história mítica excitante ligada a ele; é possível que ele tenha surgido da necessidade dos egípcios em dividir ângulos entre estrelas para poder determinar o tempo à noite. O problema é simplesmente dividir um ângulo em três partes iguais usando apenas régua e compasso. É possível dividir alguns ângulos (por exemplo, um ângulo reto) e há métodos mecânicos para dividir por três qualquer ângulo que eram conhecidos pelos gregos. No entanto, o desejo dos gregos por métodos puros ou teóricos os levou a continuar a busca independente da falta de necessidade prática.

A Geometria Governa o Universo

Conforme já vimos, os matemáticos gregos foram relutantes em reconhecer os números irracionais (aqueles números que não podem ser expressos como a relação entre dois números inteiros). A geometria não pode explicar todas as coisas se ela estiver limitada a números inteiros e relações entre números inteiros – o que se torna claro quando olhamos para a diagonal de um quadrado com lado unitário. Só esse fato isolado seria suficiente para demolir o edifício pitagórico. Um segundo problema, expresso nos paradoxos de Zenão de Eleia (c.450 a.C.), piorou a situação. O paradoxo de Zenão mostra que não importa quanto

AQUILES E A TARTARUGA

Para demonstrar o absurdo de se lidar com unidades inteiras, mesmo que pequenas, Zenão propôs uma corrida entre Aquiles e uma tartaruga. A tartaruga tem uma distância de vantagem, mas apesar de Aquiles poder correr muito mais rápido, ele nunca pode ultrapassar a tartaruga. Durante o tempo que leva para Aquiles cobrir metade da distância que o separa da tartaruga, a tartaruga já se moveu. Quando Aquiles percorre metade da distância que resta, a tartaruga já se moveu novamente, apesar de ser uma pequena distância. Isso continua *indefinidamente* de forma que Aquiles nunca consegue se emparelhar com a tartaruga.

uma unidade de medida possa ser subdividida, ela nunca expressa o contínuo que vemos na vida real – mesmo uma sequência de passos infinitesimais é ainda artificial.

O confronto dessas duas dificuldades – a existência dos números irracionais e a divisão em partes infinitesimais – forçou uma mudança de paradigma na matemática grega. No tempo de Pitágoras, os números eram considerados como pontos, geralmente representados por pedras (chamadas de *calculi*, dando-nos a palavra "cálculo"). Mas na época de Euclides, 200 anos depois, a magnitude era representada por segmentos de linha – o atomismo deu lugar à continuidade e o modelo da base do universo mudou de números discretos da matemática para as medidas da geometria. Embora √2 não possa ser representada como um número (nos termos dos gregos), é muito fácil traçá-lo como um segmento de linha.

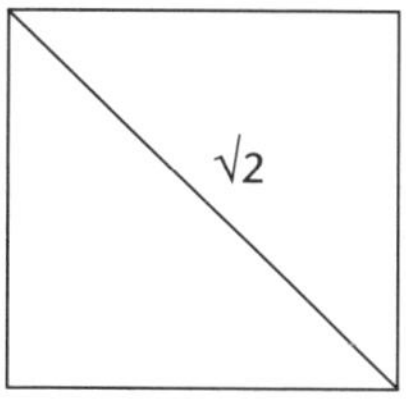

DEMÓCRITO E O INFINITESIMAL

O químico e filósofo Demócrito (c.460-370 a.C.) propôs que tudo é formado por partículas infinitamente pequenas e variadas que se movem pelo espaço vazio. A criação do nosso próprio mundo e de outros mundos ocorreu, conforme afirmava ele, porque as partículas coagularam-se em diferentes configurações, resultando em materiais com certas similaridades e diferenças (a ideia já tinha sido sugerida por Leucippus). Estendendo isso às figuras geométricas, uma pirâmide quadrada, por exemplo, pode ser vista como uma pilha de quadrados infinitamente finos variando desde o maior na base até o quadrado infinitamente pequeno no vértice. Devido às camadas serem infinitamente finas, cada quadrado é efetivamente do mesmo tamanho de seus vizinhos – mas naturalmente não podem ser, porque então a pirâmide seria um cubo.

A divisão de uma área ou volume em fatias de espessura infinitesimal é o princípio básico do cálculo integral, mas Demócrito não podia chegar a isso como um método porque ele não podia vencer essas objeções lógicas das fatias terem diferentes tamanhos. O método foi usado com sucesso por Antífon, Eudoxo, e mais tarde por Arquimedes, que derivou o "método de exaustão" para determinar a área de uma forma (veja página 150).

A dupla estranha: Demócrito, o filósofo sorridente, representado juntamente com Heráclito, o filósofo chorão.

Juntando Tudo

Praticamente não há textos gregos sobre matemática que existissem antes do século 4, mas não perdemos o trabalho desse período. Talvez o mais famoso matemático de todos os tempos, Euclides de Alexandria, reuniu e registrou a herança da antiga geometria, codificando e estendendo-a em seus *Elementos* por volta de 300 a.C. Nessa época, os gregos já haviam descoberto muitas das curvas-padrão (elipse, parábola, hipérbole e outras), uma introdução do cálculo integral no método de exaustão, e métodos para determinar o volume de um cone e de uma esfera. Embora Platão não fosse ele próprio um matemático, sua academia em Atenas era o centro do mundo matemático e ajudou a cristalizar a distinção entre matemática pura e as aplicações práticas dos números.

Os *Elementos* de Euclides não apenas demonstram a matemática dos gregos antigos, mas também seu desenvolvimento do método lógico. Euclides apresenta cinco axiomas e cinco "noções comuns", e deduziu destes várias centenas de teoremas e provas, exemplificando o princípio da dedução lógica que perdurou pelos séculos.

Embora o texto de Euclides seja famoso pelo seu tratamento da geometria plana (a geometria de formas planas, bidimensionais), ele trata também da teoria dos números, álgebra e geometria sólida. Ele foi escrito como um livro texto de matemática elementar e não trata de aritmética simples (que ficaria abaixo das expectativas dos leitores a que se destinava) ou a geometria mais complexa das formas curvilíneas e cônicas investigadas mais tarde por Apolônio (que foi muito além do necessário).

Os cinco axiomas básicos a partir dos quais Euclides desenvolve tudo o mais são:

1. Quaisquer dois pontos podem ser unidos por uma única linha reta.
2. Qualquer linha reta finita pode ser estendida como uma linha reta.
3. Um círculo pode ser traçado a partir de qualquer centro e com qualquer raio.

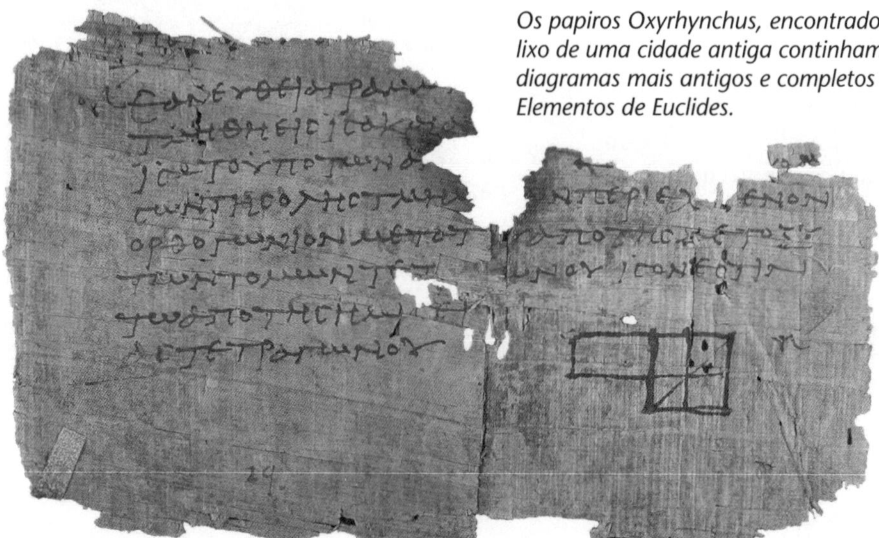

Os papiros Oxyrhynchus, encontrados no lixo de uma cidade antiga continham os diagramas mais antigos e completos dos Elementos de Euclides.

4. Todos os ângulos retos são iguais uns em relação aos outros.
5. Se duas linhas retas em um plano são cruzadas por outra linha reta (chamada de transversal), e os ângulos internos entre as duas linhas e a transversal situados em um lado da transversal somarem menos do que dois ângulos retos, então as duas linhas retas podem ser estendidas até eventualmente se intersectarem naquele lado da transversal.

O último desses postulados é também chamado de "postulado paralelo". Ele não é tão autossuficiente e autoevidente quanto os quatro primeiros. Platão afirmava que axiomas deveriam ser simples, autoevidentes e tão claramente verdadeiros que não precisariam ser provados. Embora os quatro primeiros satisfaçam a essas condições, o quinto não satisfaz. Isso provavelmente era evidente mesmo durante a vida de Euclides. No entanto, somente no século 19 é que se mostrou que o axioma final não podia ser deduzido dos outros.

Além disso, Euclides definiu cinco "noções comuns" que não estão rigorosamente relacionadas com a geometria:

1. Coisas que são iguais a alguma coisa são também iguais entre si.
2. Se iguais são somados com iguais, os totais são iguais.
3. Se iguais são subtraídos de iguais, os resultados são iguais.
4. Coisas que coincidem com outra são iguais uma à outra.
5. O total é maior do que as partes.

EUCLIDES DE ALEXANDRIA (c.325-265 a.C.)

Euclides era um matemático grego que viveu em Alexandria, Egito, provavelmente durante o reinado de Ptolomeu I (323-283 a.C.). Ele é frequentemente considerado como o "pai da geometria". Seu trabalho mais popular, *Elementos*, é o livro texto de maior sucesso na história da matemática e foi usado por mais de dois mil anos. Euclides também escreveu obras sobre perspectiva, seções cônicas e geometria esférica.

Euclides teria escrito seus trabalhos em rolos de papiro e, como estes se deterioram rapidamente, seus trabalhos chegaram até nós somente em cópias. A versão existente mais antiga dos Elementos de Euclides é um manuscrito bizantino escrito em 888 d.C. – o que o torna mais próximo no tempo de nós do que de Euclides! Não podemos ter certeza de que se trata de texto do próprio Euclides, podendo ser algo melhorado ou alterado por outros estudantes.

Euclides estava escrevendo logo após o fim do período helênico, quando Alexandre, o Grande, e Aristóteles tinham morrido. O império de Alexandre estava destruído e Atenas havia perdido sua supremacia como centro intelectual, a inteligência convergia agora para Alexandria no Egito (incluindo Euclides). Alexandria era a capital do Egito e ficou sob o poder de Roma quando o exército de Cleópatra perdeu a batalha de Actium em 31 a.C. Os primeiros a se beneficiarem do trabalho de Euclides foram os romanos, mas a matemática não era muito considerada pelos estudantes romanos e era ensinada por sua utilidade prática, nada mais. Assim, um arquiteto deveria saber geometria, cálculo e capacidades de carga, e um mercador precisaria saber aritmética, mas nenhum deles estava particularmente interessado em ampliar os limites do conhecimento em matemática para seu próprio benefício.

Construído em 70-80 d.C., o Coliseu, em Roma, é um anfiteatro elíptico e uma obra de arte da arquitetura e engenharia romana.

O fim do Império Romano no Ocidente, quando as tribos germânicas sob a liderança de Odoacer conquistaram a maior parte da Itália moderna, trouxe o fim da atividade matemática na Europa por um longo tempo. Ao contrário, devemos procurar na Índia e depois no Oriente Médio pelos desenvolvimentos em geometria, bem como em outras áreas de empenho matemático.

HIPÁTIA DE ALEXANDRIA (c.370-415)

Hipátia era a filha de Téon de Alexandria, um matemático e filósofo notável (é de sua versão dos *Elementos* de Euclides que derivaram todos os textos que sobreviveram). Hipátia era uma neoplatonista, formada em neoplatonismo e matemática. Ela é a mais antiga matemática feminina importante conhecida. Lamentavelmente, nenhum de seus trabalhos matemáticos sobreviveu, embora seus comentários sobre o trabalho de outros matemáticos possam estar preservados em algumas das anotações que chegaram até nós. Ela foi assassinada por uma multidão em 415, incitada pelo patriarca de Alexandria para eliminar a erudição pagã. A biblioteca de Alexandria foi destruída na mesma época.

Trigonometria

Trigonometria é o ramo da matemática que trata do cálculo de ângulos, particularmente em triângulos retângulos. Até o século 16, ela era realmente uma parte da geometria, mas desde então ela passou a ser considerada uma área independente da matemática.

Como qualquer polígono pode ser reduzido a um número de triângulos, a trigonometria permite aos matemáticos trabalhar com todas as áreas ou superfícies que sejam limitadas por linhas retas. A trigonometria plana trata de áreas, ângulos e distâncias em um plano. A trigonometria esférica trata de ângulos e distâncias no espaço tridimensional.

Triângulos em Pirâmides

Os egípcios tinham algum conhecimento de trigonometria, como demonstra a construção de suas pirâmides. O papiro de Ahmes inclui um problema que determina a *seked*, a inclinação de uma pirâmide a partir da altura e da base. Ela era expressa como a relação oposta de nossa medida do gradiente.

Porém os egípcios não eram rigorosos em seu estudo de triângulos. Como em outras áreas da matemática, eles estavam interessados em aplicações práticas e não na trigonometria pura. Os antigos matemáticos indianos também sabiam alguma coisa sobre trigonometria. Os Sulba sutras, no contexto da descrição de altares, contém um cálculo do seno de $\pi/4$ (45°) como $1/\sqrt{2}$. No entanto, ficou por conta dos gregos o desenvolvimento apropriado da trigonometria.

O Giro de 360°

Os gregos tomaram a linha reta e o círculo como base de sua geometria e a partir daí desenvolveram a trigonometria. A conven-

ACIMA: Nós ainda mostramos o gradiente como a relação entre a subida na vertical pela distância na horizontal, embora tenhamos invertido a ordem usada pelos antigos egípcios.

ABAIXO: Qualquer polígono pode ser dividido em triângulos, o que torna fácil o cálculo da área se você usar trigonometria.

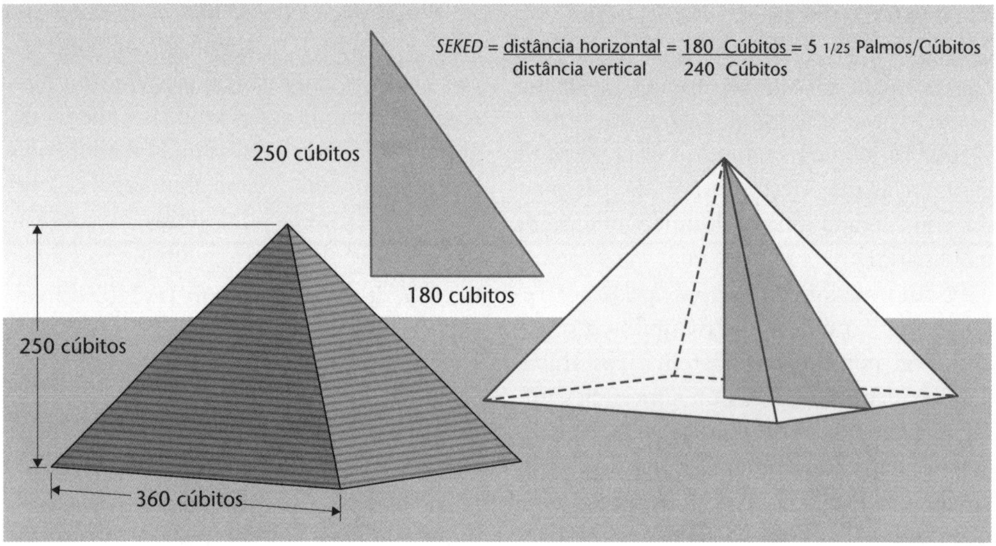

Os egípcios calculavam o seked ou a inclinação da pirâmide imaginando um triângulo retângulo dentro da estrutura.

ção de 360° em um círculo e 60 segundos em um grau teve origem na matemática helênica – aparentemente já estava em uso no tempo de Hiparco da Bitínia (c.190-120 a.C.). Provavelmente teve origem na divisão astronômica babilônica do zodíaco em 12 signos ou 36 decanos, e o ciclo anual de aproximadamente 360 dias. O sistema superior usado pelos Babilônios para representar frações o tornou mais útil do que os sistemas egípcio ou grego, e Ptolomeu (c. 90-168 d.C.) usou o sistema de base 60 ao dividir em graus e minutos (*partes minutae primae*), e cada minuto em 60 segundos (*partes minutae secundae*).

Trigonometria Esférica e Planar

Enquanto um triângulo planar está sobre uma superfície plana, um triângulo esférico está inscrito sobre a superfície de uma esfera. Ele é composto pelos arcos de três círculos que se intersectam ao redor da esfera, ou planos que cortam a esfera.

A primeira definição de um triângulo esférico é encontrada em um trabalho do egípcio Menelau de Alexandria (c. 100 d.C.).

Relógio Zodíaco: foram os babilônios que dividiram o zodíaco em 12 signos ou 36 decanos – refletindo seu ciclo sazonal de aproximadamente 360 dias.

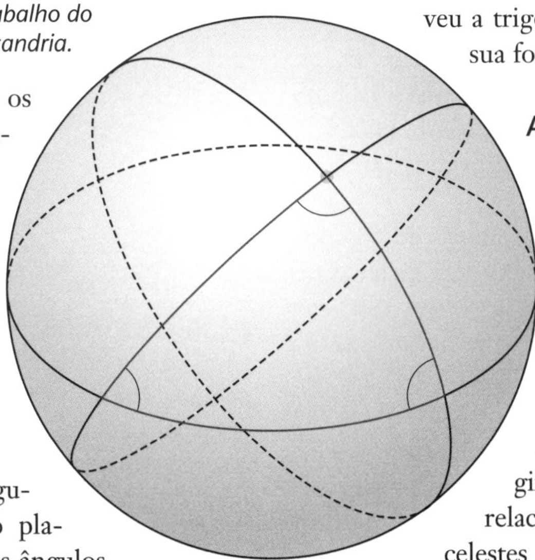

A primeira menção de um triângulo esférico é encontrada em um trabalho do egípcio Menelau de Alexandria.

Ele desenvolveu os equivalentes dos princípios de Euclides da trigonometria planar, mas os aplicou a triângulos esféricos. Os triângulos esféricos são claramente essenciais na astronomia e no mapeamento.

Enquanto os ângulos de um triângulo planar totalizam 180°, os ângulos de um triângulo esférico totalizam mais de 180°. Há também outras diferenças fundamentais. Até por volta de 1250, e do trabalho de Nasir al-Din al-Tusi (1201-74), a trigonometria esférica esteve sempre integrada com a astronomia. Al-Tusi foi o primeiro a listar seis tipos distintos de triângulos retângulos em uma superfície esférica, e o primeiro a tratar a trigonometria como uma disciplina discreta. Ele desenvolveu a trigonometria esférica na sua forma atual.

A Ascenção do Triângulo

Hiparco foi o primeiro a compilar tabelas de funções trigonométricas. Seu interesse era por triângulos imaginários "traçados" sobre a esfera imaginária do céu à noite, relacionando os corpos celestes uns com os outros de maneira que ele podia calcular e prever as posições dos planetas. Hiparco considerava que cada triângulo estava inscrito dentro de um círculo e desenvolveu um sistema para calcular ângulos a partir de cordas. Ele compilou tabelas de cordas produzidas desenhando-se ângulos de diferentes tamanhos que se relacionavam com o conceito moderno de senos e cosenos.

FUNÇÕES TRIGONOMÉTRICAS

Há seis funções trigonométricas que nos permitem calcular o tamanho de um ângulo dados dois lados de um triângulo retângulo, ou o comprimento de um lado quando é dado um lado e um ângulo.

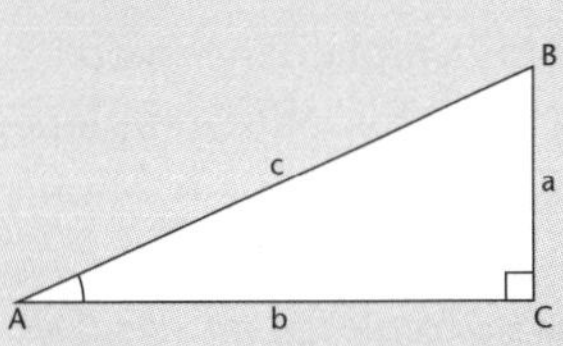

seno A	= a/c = lado oposto/hipotenusa
coseno A	= b/c = lado adjacente/hipotenusa
tangente A	= a/b = lado oposto/lado adjacente
cosecante A	= c/a = hipotenusa/lado oposto
secante A	= c/b = hipotenusa/lado adjacente
cotangente A	= b/a = lado adjacente/lado oposto

Em seu texto sobre astronomia, o *Almagesto*, o astrônomo grego Cláudio Ptolomeu (100-170 d.C.) ampliou o trabalho de Hiparco, derivando melhores tabelas trigonométricas e definindo aproximadamente as funções trigonométricas inversas arco-seno e arco-coseno.

Ele usou um raio nominal de 60 como base de sua tabela de cordas e deu valores em passos de 1/2° de 0° até 180° com precisão de 1/3600 de uma unidade. Isto é equivalente a uma tabela de senos para cada 1/4° de 0° a 90°. Ptolomeu trabalhou com os axiomas de Euclides e concentrou-se em triângulos planares para desenvolver seu modelo dos corpos celestes girando ao redor da Terra.

Ptolomeu viveu e trabalhou em Alexandria. Os detalhes de sua vida não foram preservados – é até possível que ele tenha origem grega. Seu trabalho foi o primeiro sobre trigonometria a circular na Europa na Idade Média e foi usado por muitos séculos. Seu modelo sobre o céu sobreviveu intacto até o trabalho do astrônomo Polonês Mikolaj Kopernik (Copérnico, 1473-1543), que colocou o sol no centro do sistema solar.

Hiparco em seu observatório em Alexandria observando as estrelas. É creditado a ele a invenção do astrolábio bem como da esfera armilar.

SENO DOS TEMPOS

Depois dos gregos, os matemáticos hindus e árabes trabalharam com trigonometria. Os estudantes árabes traduziram e dominaram o trabalho de seus predecessores gregos e logo passaram além deles. Os matemáticos hindus trabalhavam amplamente com sua própria tradição, que foi obtida independentemente da herança egípcia e babilônica.

O universo geocêntrico (centrado na Terra) de 1539 mostra os quatro elementos de Aristóteles rodeados pelos planetas e a morada de Deus, entre outras coisas.

OS TRIÂNGULOS E A ÁGUA

Uma aplicação prática da trigonometria era o cálculo do gradiente para o escoamento da água. Os habitantes cingaleses da cidade de Anuradhapura, Sri Lanka, usavam a trigonometria para essa finalidade. Eles foram uma das maiores civilizações asiáticas do mundo antigo. Para cultivar a terra seca dos arredores e fornecer água para a imensa cidade, os cingaleses construíram um sistema de irrigação altamente sofisticado, que consistia em canais sobre a terra e embaixo dela, reservatórios e açudes.

Na moderna Anuradhapura, bombas manuais substituíram o sistema complexo de irrigação instalado 1900 anos atrás.

Os matemáticos hindus foram os primeiros a trabalhar com senos da forma como os definimos agora. No século 4, ou talvez mais tarde no século 5, o autor desconhecido do tratado astronômico hindu *Surya Siddhanta*, calculou a função seno para intervalos de 3,75° de 3,75° até 90°. A data do texto não é conhecida – a versão que sobreviveu pode ser de uma data por volta de 400 d.C. –, mas afirma-se ter sido passada diretamente pelo deus sol em 2.163.101 a.C.! O texto *Aryabhatiya* de Aryabhata I (c. 475 - 550), que resume a matemática hindu como ela era na primeira metade do século 6, inclui uma tabela de senos. Brahmagupta também publicou uma tabela de senos para qualquer ângulo em 628.

A primeira tabela de tangentes e cotangentes foi criada por volta de 860 pelo astrônomo persa Ahmad ibn 'Abdallah Habash al-Hasib al-Marwazy. O astrônomo sírio Abu ábd Allah Muhammad Ibn Jabir Ibn Sinan al-Battani al-Harrani as-Sabi' (c.858-929) formulou uma regra para determinar a elevação do sol acima do horizonte medindo uma sombra (o princípio de funcionamento dos relógios de sol). Sua "tabela de sombras" é efetivamente uma tabela de cotangentes para ângulos

MEDINDO A TERRA

Eratóstenes (276-194 a.C.) observou que, quando o sol está na vertical no solstício de verão em Syene (que agora se chama Assuão), em Alexandria, 500 milhas (800 km) a noroeste, ele está a um ângulo de 7° na mesma data e hora. Ele assumiu que os raios do sol seriam aproximadamente paralelos quando atingem a Terra, porque o sol está muito distante. Trabalhando com trigonometria e com a distância conhecida entre as duas cidades, ele calculou a circunferência da Terra. A precisão de seu cálculo não pode ser avaliada exatamente porque a unidade de medida para comprimento, a *stadia*, não é conhecida com precisão.

CALCULANDO SENOS

A função seno de um ângulo é a relação entre o lado oposto a esse ângulo e a hipotenusa, em um triângulo retângulo.

Para calcular a função seno, trace um círculo de raio igual a 1 e trace o triângulo necessário dentro dele da seguinte maneira:

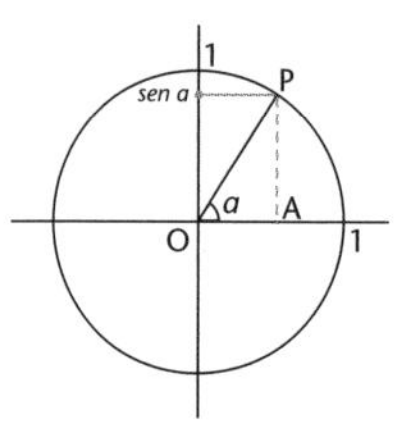

A distância OP, a hipotenusa, é o raio do círculo, 1. A coordenada y do ponto P dá o seno do ângulo a (= AP/1). O círculo, chamado de círculo unitário (porque seu raio é igual a 1) é usado, por convenção, para deduzir e relacionar todas as funções trigonométricas.

de 1° até 90°, com intervalos de 1°. Ele calculou também a inclinação do eixo da Terra, 23° 35'. Foi através do trabalho de al-Battani que os senos chegaram até à Europa e ele pode tê-los descoberto independentemente do trabalho de Aryabhata.

O matemático e astrônomo persa Abu al-Wafa al-Buzjani (940-997/8) trabalhou principalmente com a trigonometria, mas grande parte de seu trabalho foi perdida. Ele introduziu a função tangente e métodos melhorados para calcular tabelas trigonométricas. Ele descobriu a fórmula do seno para a geometria esférica:

$$\frac{\text{sen}(A)}{\text{sen}(a)} = \frac{\text{sen}(B)}{\text{sen}(b)} = \frac{\text{sen}(C)}{\text{sen}(c)}$$

Há uma cratera na lua com seu nome em homenagem a seus estudos extensivos sobre os movimentos da lua.

Os matemáticos árabes continuaram a refinar as tabelas e a trigonometria exclusivamente a serviço da astronomia até que al-Tusi estabeleceu a trigonometria como

Al-Battani calculou a inclinação do eixo da Terra como 23° 35'. Ele também estimou a duração do ano solar em 365 dias, 5 horas, 46 minutos e 24 segundos.

O aluno de Al-Tusi, Quatb al-Din al-Shirazi, foi a primeira pessoa a apresentar uma explicação científica para o arco-íris.

uma disciplina separada em seu observatório em Maragheh no século 13. Um dos primeiros resultados foi a explanação matemática do arco-íris por Quatb al-Din al-Shirazi (1236-1311), aluno de al-Tuzi. Ulugh Beg, neto do grande conquistador Mongol Timur (Tamerlão, o Grande), estabeleceu um observatório em Samarkand no inicio do século 15 e criou tabelas de senos e tangentes para cada minuto de arco, com precisão de 5 casas sexagesimais. Foi uma das grandes conquistas na matemática até os dias de hoje.

Procurando Direções

Um incentivo para os avanços Árabes na geometria e topografia foi a necessidade de determinar a direção de Meca (*qibla*) em qualquer lugar do mundo, para que o devoto islâmico pudesse se voltar para a cidade sagrada para suas orações como manda o Alcorão. Com essa necessidade em mente, os geômetras árabes adotaram a projeção estereoscópica, que produz uma imagem plana de uma superfície esférica, com os círculos mapeados como círculos ou linhas retas. Isso foi usado pela primeira vez por Apolônio e Ptolomeu.

A partir do século 9, os árabes aperfeiçoaram o astrolábio, um instrumento astronômico projetado originalmente na Grécia Antiga. Ele consiste de uma série de anéis metálicos concêntricos marcados com as posições do sol, da lua, estrelas e planetas. O simples movimento dos anéis substituía uma grande quantidade de cálculos tediosos. O astrolábio podia ser usado para astronomia, controle da hora, levantamento topográfico, navegação e triangulação.

A necessidade dos islâmicos de rezar voltados para Meca várias vezes ao dia foi um incentivo para o aperfeiçoamento na localização de direções.

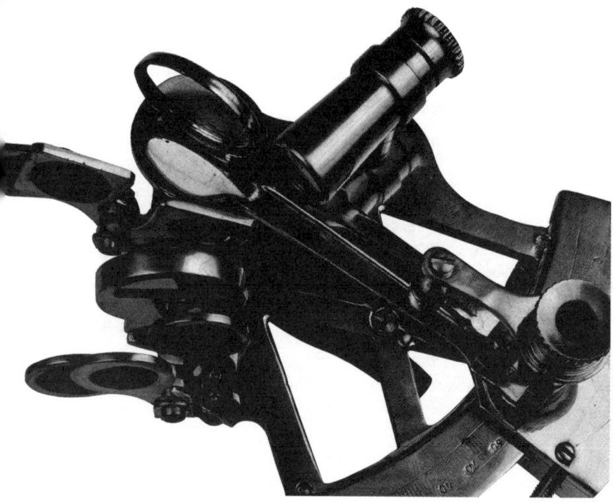

O sextante revolucionou a navegação. Ele permitia aos marinheiros determinar suas posições traçando o curso do sol contra o horizonte.

O conhecimento combinado grego e árabe de triângulos veio para a Europa com a tradução de muitos textos árabes para o latim a partir do século 11. Os europeus aderiram ao astrolábio entusiasticamente e ele permaneceu como o principal instrumento de navegação até o desenvolvimento do sextante no século 18.

No Mundo Moderno

Embora os estudiosos europeus da Idade Média tenham traduzido trabalhos árabes e gregos sobre trigonometria e geometria, eles não acrescentaram nada próprio a esses trabalhos. Somente depois da explosão do conhecimento científico e matemático na Europa a partir da Renascença é que a trigonometria progrediu novamente. Johannes Müller von Königsberg (1436-76), também conhecido como Regiomontanus, foi o autor do primeiro livro dedicado inteiramente à trigonometria, *Sobre os Triângulos de Todos os Tipos (On Triangles of Every Kind)*, impresso em 1533. Ele reuniu todas as fórmulas necessárias para trabalhar com trigonometria plana e esférica, sendo muito admirado e influente. Seu trabalho foi usado e adaptado pelo grande astrônomo Polonês Kopernik (Copérnico) em seu novo modelo de um sistema solar centrado no sol. Copérnico trabalhou com a ajuda do matemático prussiano Georg Rheticus (1514-76). Em seu próprio trabalho, Rheticus foi mais além do que Regiomontanus, finalmente criando a trigonometria sobre triângulos. Ele descartou a velha tradição de considerar as funções trigonométricas com relação ao arco de um círculo, liberando o triângulo para que ficasse independente. Ele calculou tabelas detalhadas para as seis funções trigonométricas e iniciou uma série de tabelas calculadas com um grau de precisão ainda maior, mas morreu antes

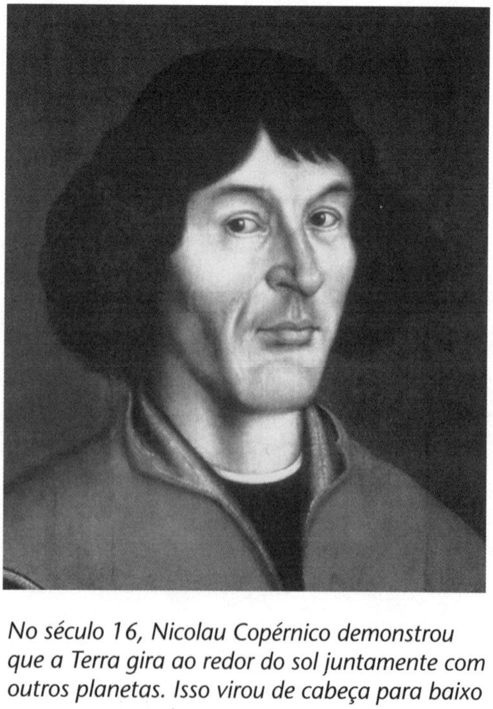

No século 16, Nicolau Copérnico demonstrou que a Terra gira ao redor do sol juntamente com outros planetas. Isso virou de cabeça para baixo as crenças anteriores.

TRIÂNGULOS MORTÍFEROS

Galileu Galilei (1564-1642) descobriu que o movimento de um projétil é uma trajetória parabólica e podia ser decomposto em um movimento vertical e um movimento horizontal. Isto levou à fórmula para calcular o alcance de um canhão ou outra arma de artilharia, desprezando a resistência do ar:

$$(V_o^2 \text{ sen } 2A)/g$$

onde g é a aceleração da gravidade (aproximadamente 9,81 metros/segundo^2).
V_o é a velocidade do projétil ao sair da boca da arma (velocidade com que a bala sai do canhão ou de um revólver)
A é o ângulo de elevação.
O alcance máximo é obtido quando A = 45°

A Inquisição forçou Galileu a negar sua crença de que a Terra se movia ao redor do Sol.

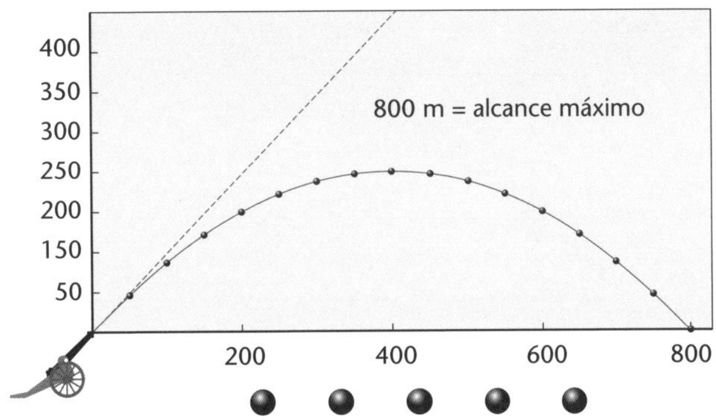

de completá-las (elas foram terminadas por um de seus alunos).

Esses desenvolvimentos vieram logo antes da trigonometria, e a geometria como um todo tomou uma nova direção envolvendo-se com a álgebra, com a lenta evolução da geometria algébrica (veja Capítulo 5). Com essa mudança fundamental, a trigonometria tornou-se mais teórica, separada das formas do mundo real com as quais ela estava originalmente relacionada, e mais tarde se envolveu com os números imaginários e complexos.

Ao mesmo tempo, porém, as aplicações práticas da trigonometria estavam crescendo. A invenção de relógios precisos, melhores métodos de navegação e artilharia, bem como novas aplicações para óptica e avanços na astronomia, todos demandavam a aplicação da trigonometria e auxiliaram seu desenvolvimento em novas direções.

Continuando

Triângulos e círculos estão completamente ligados na história da matemática, e com o trabalho de Galileu sobre projéteis houve o envolvimento de outra curva, a parábola. Círculos, curvas e os efeitos de formas em rotação no espaço para produzir sólidos de revolução tiraram a geometria das linhas retas no plano e a elevaram para o espaço. Com os círculos e curvas, começamos a tomar o rumo para contemplar o infinito – que muito preocupava os antigos matemáticos –, o que eventualmente poderá libertar a geometria até mesmo das três dimensões, levando-a a tantas dimensões quanto pudermos imaginar.

CAPÍTULO 4

No CÍRCULO

O mundo ao nosso redor tem proporcionado razões para grande parte do desenvolvimento da matemática. O fato de a Terra ser ela própria uma esfera, e o céu ter a aparência de uma concha invertida sobre nós, tem colocado curvas, círculos e esferas no coração da geometria desde os primeiros tempos. Essas características do mundo deram origem a problemas desafiadores para explicar, representar e modelar o universo da forma como o conhecemos. Como podemos representar em um desenho plano o ambiente tridimensional que vemos? Como podemos mapear a Terra esférica em um mapa bidimensional? A luta com esses problemas trouxe outras questões sobre as dimensões e a geometria. Às vezes, o mundo parece não combinar com a geometria estabelecida por Euclides, a qual foi aceita durante 2.000 anos. Novos modelos para tratar com essas situações abriram novos e excitantes caminhos para os matemáticos.

No mundo real, parece que linhas paralelas acabam se juntando.

Curvas, círculos e cônicas

O círculo está por trás de toda a trigonometria, já que ele define uma rotação completa ao redor de um ponto. O triângulo e o círculo juntos formaram a base da geometria astronômica, com os problemas de astronomia sendo estudados desenhando-se triângulos imaginários sobre a abóbada circular do céu. O modelo de projéteis de Galileu acrescenta outra curva à trigonometria e introduz um elo entre funções trigonométricas e cônicas – curvas que podem ser derivadas através do fatiamento de um cone sólido. Na verdade, triângulos e curvas têm sido inseparáveis desde os primeiros tempos da geometria. As tabelas trigonométricas foram todas definidas inicialmente a partir de triângulos traçados dentro de círculos, usando diâmetros e cordas. Ângulos são medidos com relação à rotação completa definida por um círculo, que foi dividido, no tempo de Hiparco, em 360°.

A Relação Mágica - π

Desde os tempos mais remotos, o círculo tem sido rodeado de significados religiosos e místicos. Ele é a forma perfeita, não tendo lados (ou um número infinito de lados), a linha sem fim, encontrado em toda parte na natureza. As pessoas já sabem há milhares de anos que a relação entre o diâmetro e a circunferência de um círculo é sempre a mesma e deram a esse número um significado especial. Nós representamos a relação pela letra grega π (pi), notação popularizada pelo matemático suíço Leonhard Euler (1707-83) em 1737, mas usada pela primeira vez por William Jones, em 1706. Pi é um número irracional e tem um número infinito de casas decimais (veja tabela na página seguinte).

Sir Isaac Newton, um dos mais destacados matemáticos de todos os tempos, calculou π com 16 casas decimais.

Calculando π

Os babilônios usavam um valor aproximado da relação que hoje chamamos de π, como 3,125, que eles obtiveram calculando ou medindo o perímetro de um hexágono traçado dentro de um círculo.

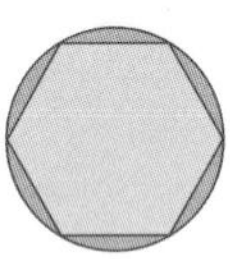

O papiro de Ahmes mostra um método a partir do qual seria derivado um valor de 256/81, ou aproximadamente 3,16049.

O texto chinês *The Nine Chapters (Os Nove Capítulos)* fornece instruções para calcular a área de um círculo elevando o diâmetro ao quadrado, dividindo por 4 e multiplicando por 3, usando assim um valor de 3 para π.

Arquimedes desenvolveu um método mais sofisticado que envolvia o traçado de polígonos, dentro e fora do círculo, dando limites superiores e inferiores para um valor de π. Acrescentando mais lados ao polígono, ele conseguia obter valores limite cada vez mais precisos. Ele chegou a um polígono de 96 lados, que dá um valor de π entre 223/71 e 22/7, ou valor médio de aproximadamente 3,1418. Foi Arquimedes também quem descobriu que a mesma relação pode ser usada para calcular a área de um círculo quando multiplicado pelo quadrado do raio (πr^2).

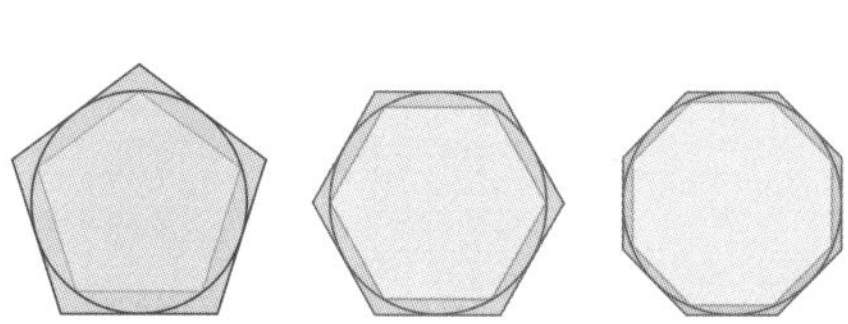

Matemáticos chineses, indianos e árabes calcularam π com maiores graus de precisão, mas não tinham um método melhor do que aquele de Arquimedes. Por exemplo, em 263d.C., Liu Hui usou um polígono com 3.072 lados e obteve um valor de 3,1416. No fim do século 17, foram desenvolvidos métodos melhores de cálculo. O matemático Inglês Sir Isaac Newton (1642-1727) usou o teorema binomial para calcular π com 16 casas decimais.

Hoje, π já foi calculado por computador com mais de 10^{12} casas decimais e nos computadores pessoais há muitos métodos para calcular π até com um bilhão ou mais de casas decimais. Esse grau de precisão é totalmente desnecessário para a maioria das aplicações práticas. Se a circunferência da Terra for calculada a partir de seu raio usando um valor de π de apenas 10 casas decimais, o resultado é preciso até um quinto de um milímetro.

Quadrando o Círculo

O problema de quadrar o círculo, embora tornado famoso por Anaxágoras, preocupou os antigos matemáticos também. Ahmes fornece um método para construir um qua-

QUEM	ONDE	QUANDO	O QUÊ
Ahmes	Egito	c.1650 a.C.	$^{256}/_{81}$(3,16049)
Arquimedes	Grécia	c.250 a.C.	$^{223}/_{71} < \pi < {}^{22}/_{7}$ (3,1418)
Chang Hong	China	130 d.C	3,1622($\sqrt{10}$)
Ptolomeu	Grécia	c.150	3,1416
Liu Hui	China	263	$^{3.927}/_{1.250}$(3,1416)
Zu Chongzhi	China	480	$^{355}/_{113}$(3,14159292)
Aryabhata	Índia	499	$^{62.832}/_{20.000}$(3,1416)
al-Khwarizmi	Irã	c.800	3,1416
Fibonacci	Itália	1220	3,141818
al-Kashi	Irã	c.1430	3,14159265358979
François Viète	França	1593	3,1415926536
Adriaan van Roomen	Bélgica	1593	3,141592653589793
Ludolph van Ceulen	Alemanha	1596	3,14159265358979323846264338327950 29

drado com a mesma área de um círculo, que consiste em subtrair um nono do diâmetro do círculo usando o restante como lado do quadrado, embora isso seja mostrado como uma maneira de calcular a área de um círculo, não para resolver o problema clássico (foi daí que deduzimos o valor Egípcio para π de 3,16049.)

Já vimos que os gregos tentaram e não conseguiram resolver o problema geometricamente. Matemáticos que vieram depois também tentaram e todos falharam. Quadrar o círculo com compasso e régua tornou-se uma preocupação tão grande para matemáticos profissionais e amadores na Europa do século 18 que, em 1775, a Académie des Sciences em Paris emitiu uma resolução estipulando que não seria mais examinada nenhuma solução proposta. Logo depois, a Royal Society, em Londres, fez a mesma coisa porque estavam repletos de falsas soluções. Alguns matemáticos até tentaram camuflar o problema atribuindo um valor diferente para π.

Quando Carl Louis Ferdinand von Lindemann (1852-1939) provou em 1880 que π é um número transcendental (isto é, não é raiz de nenhuma equação algébrica com coeficientes racionais), isso demonstrou finalmente que quadrar o círculo é, de fato, impossível – é totalmente impossível trabalhar com um número transcendental usando régua e compasso.

Seções Cônicas

O círculo não é a única curva. Embora o círculo e os arcos circulares fossem as primeiras curvas a serem estudadas e usadas, há outras três curvas regulares que logo chamaram a atenção dos geômetras. Essas curvas são a parábola, a hipérbole e a elipse. Cada uma dessas curvas pode ser obtida pelo corte através de um cone. Elas são chamadas de seções cônicas.

O primeiro trabalho importante sobre seções cônicas foi feito por Apolônio de Perga (c.262-190 a.C.), um geômetra e astrônomo alexandrino-grego conhecido como "o Gran-

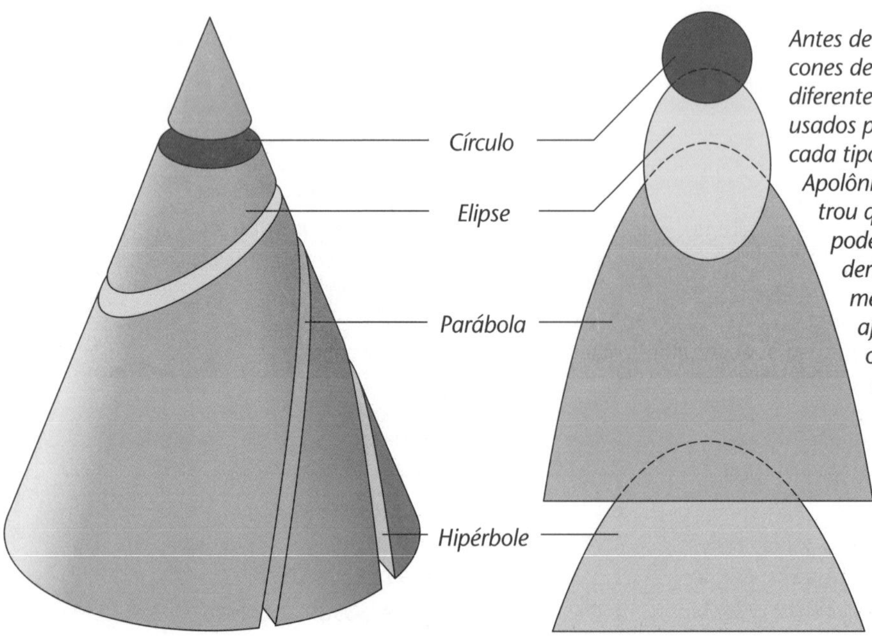

Antes de Apolônio, cones de formas diferentes foram usados para deduzir cada tipo de curva. Apolônio mostrou que todas poderiam ser derivadas do mesmo cone ajustando o ângulo do plano de corte através do cone.

TORNANDO-SE ÚTIL

Apolônio tinha orgulho de seu trabalho teórico que tinha valor por si só – "Eles merecem aceitação pelo simples fato de serem demonstrações" – e grande parte de seu trabalho tinha pouca aplicação prática naqueles tempos, mas desde então tem sido útil em muitas áreas da ciência. Seu trabalho sobre a hipérbole produz um resultado equivalente à lei de Boyle, que define a ação dos gases, e seu estudo das tangentes de uma elipse (embora ele não conhecesse o termo) é fundamental para entender o movimento dos planetas e estrelas, bem como no planejamento das viagens espaciais.

Mais de dois mil anos após Apolônio, as viagens espaciais se tornaram uma aplicação prática de seu trabalho sobre curvas.

de Geômetra". Embora Apolônio tenha escrito outros trabalhos, somente seu tratado sobre cônicas sobreviveu. As primeiras seções são baseadas em escritos anteriores, mas as últimas partes são completamente originais. O trabalho de Apolônio substituiu completamente todos os trabalhos sobre cônicas que vieram antes, assim como o trabalho de Euclides substituiu toda a geometria grega anterior. Apolônio descreve a derivação e definição das curvas às quais ele dá nomes e considera as linhas retas mais curtas e mais longas que podem ser traçadas a partir de um dado ponto ou pontos na curva. Dessa forma, ele estabelece toda a base para a definição de curvas por equações quadráticas no sistema cartesiano de coordenadas. Sem dúvida, 1.800 anos depois, René Descartes testou sua geometria analítica em relação a uma generalização do teorema de Apolônio, relacionando um ponto móvel e sua relação com linhas fixas.

O fabuloso interior da Catedral de Santa Sofia, em Istambul, que antigamente se chamava Constantinopla: o altar é iluminado por luz solar em todas as horas do dia.

Tanto os matemáticos árabes quanto os da Renascença devem muito a Apolônio. Embora vários matemáticos árabes tenham estudado as cônicas, encontrando maneiras de calcular as áreas e volumes de figuras derivadas de seções cônicas, foi Omar Khayyam quem conduziu seu estudo a uma nova direção. Ao usar cônicas em sua solução geral de equações cúbicas, ele, de certa forma, se antecipou a Descartes, juntando a geometria com a álgebra (embora ele tenha expressado a esperança de que seus sucessores conseguiriam encontrar soluções algébricas para determinar raízes). A redescoberta do trabalho de Apolônio na Renascença Europeia estabeleceu as bases para muitos dos avanços em óptica, astronomia, cartografia e outras ciências práticas.

Começando com a Óptica

Em um dos trabalhos perdidos de Apolônio, ele aparentemente discutia espelhos parabólicos e demonstrou que a luz refletida do interior de uma esfera não é refletida para o centro da esfera. A óptica se tornou uma área importante para a aplicação e desenvolvimento do trabalho com curvas. Ela podia ter muitas aplicações surpreendentes também. Em c.200 a.C., Diocles demonstrou geometricamente que raios de luz paralelos ao eixo de um paraboloide de revolução (um sólido produzido pela rotação de uma parábola) se encontram no foco do paraboloide. Há relatos de que Arquimedes tenha usado esse princípio para projetar luz sobre navios inimigos a partir da praia.

As propriedades focais da elipse foram usadas pelos arquitetos da Catedral de Santa Sofia, em Constantinopla (537), para que o altar pudesse ser iluminado pela luz do sol a qualquer hora do dia. Vários cientistas árabes investigaram as propriedades dos espelhos feitos de seções cônicas. Ibn al-Haythan encontrou o ponto em um espelho esférico convexo no qual um observador conseguiria ver um objeto em certa posição e mostrou como projetar as curvas necessárias para os relógios de sol.

As mesmas propriedades podem ser aplicadas ao som – as galerias do Capitólio, em Washington, e da Catedral de São Paulo, em Londres, são construídas de maneira que um sussurro emitido em um lado da galeria pode ser ouvido no ponto oposto, mas em nenhum outro lugar. Ainda mais recentemente, as antenas parabólicas dos satélites e os refletores parabólicos de captação de energia solar usam as propriedades refletivas de uma superfície parabólica para focalizar os raios que incidem neles, conduzindo-os a um receptor ou coletor central. Em cirurgias, as mesmas propriedades geométricas são exploradas para focalizar ondas de ultrassom em órgãos ou cálculos dentro do organismo.

Os trabalhos de Galileu sobre projéteis e os trabalhos de Kepler sobre os movimentos planetários estão entre as primeiras aplicações das cônicas a objetos não ópticos. Kepler descobriu que a terra gira ao redor do sol em uma órbita elíptica, com o sol no foco da elipse.

Trabalhos posteriores sobre cônicas e curvas usaram análise infinitesimal para tentar determinar a área sob as curvas ou seu comprimento, mas foi a invenção da geometria analítica por Descartes e Fermat no século 17 que abriu o caminho para a moderna definição das cônicas. Em vez de derivar as seções cônicas fazendo cortes através de um cone, os matemáticos do século 17 e posteriores as definiram com equações algébricas, como o caminho traçado em um plano por pontos que se movem de acordo com uma equação de segundo grau a duas variáveis. Neste ponto em nossa história, as cônicas desaparecem da geometria e reaparecem na álgebra.

O PÊNDULO PERFEITO

O cientista e matemático holandês Christiaan Huygens (1629-95) desenvolveu o relógio de pêndulo após descobrir uma nova curva, o cicloide. Ele descobriu que um pêndulo liberado de qualquer altura dentro de uma concha cicloide vai alcançar o fundo precisamente no mesmo tempo, não importando de quanto foi o deslocamento. Huygens passou a demonstrar as propriedades de outras curvas. Ele usou métodos da geometria analítica e análise infinitesimal para descobrir os comprimentos das linhas curvas e tornou-se a primeira pessoa a descobrir a área superficial de parte de um sólido de revolução chamado de paraboloide, formado quando se gira uma parábola.

Geometria Sólida

A geometria sólida – a geometria dos objetos sólidos, tridimensionais – tornou-se necessária logo que os seres humanos começaram a criar qualquer coisa mais complexa do que uma simples barraca (quando a tentativa e erro e não a matemática podia ser suficiente). Um dos três problemas enfrentados pelos matemáticos clássicos, encontrar o dobro de um cubo, é um problema da geometria sólida.

Problemas de geometria sólida estão relacionados com a medida de dimensões ou volume de uma forma tridimensional. O volume medido não precisa ser o de um sólido; é bem provável que os primeiros usos da geometria sólida se relacionavam com as medidas de capacidade bem como cálculo de dimensões de edifícios. Alguns dos problemas nos textos babilônios e egípcios se relacionavam ao cálculo do volume de celeiros e pirâmides.

Formas Básicas

Platão identificou cinco sólidos poliédricos com todas as faces iguais. Ele associou esses sólidos com os elementos básicos que ele acreditava que formavam o mundo físico. Esses sólidos platônicos são a pirâmide triangular (tetraedro), o cubo (hexaedro), o octaedro, o dodecaedro e o icosaedro. Platão achava que a terra era feita de partículas cúbicas, o fogo pelas pirâmides, o ar pelos octaedros e a água pelos icosaedros. Ele dizia, "... Deus usou [o dodecaedro] para organizar as constelações em todo o céu". Em Elemen-

Antes de começar a trabalhar em uma pirâmide, os construtores egípcios tinham que calcular seu volume para saber a quantidade exata de pedras.

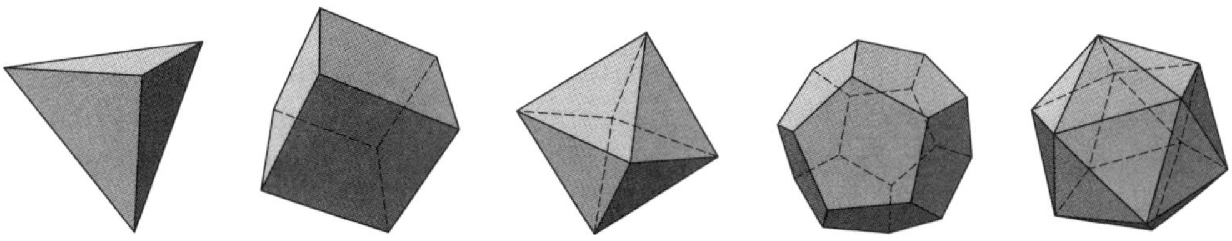

Sólidos platônicos: eles eram os elementos básicos que Platão acreditava que formavam o mundo físico. Ele acreditava também que a terra era feita de partículas cúbicas, o fogo por pirâmides, o ar por octaedros e a água por hexaedros.

Euclides dá um completo relato dos sólidos platônicos e repete a afirmação de Platão de que há apenas cinco sólidos regulares.

O astrônomo alemão Johannes Kepler (1571-1630) tentou associar os sólidos platônicos com os planetas conhecidos e formou um modelo do sistema solar no qual os sólidos eram aninhados uns dentro dos outros. Embora ele tivesse de desistir do modelo, ele descobriu, no processo de trabalhar com ele, dois poliedros estelares regulares em 1619. Eles são formados estendendo-se as arestas, ou faces, do poliedro até que elas se encontrem, formando novas formas. Louis Poinsot descobriu mais dois em 1809. Em 1812, Augustin Cauchy provou que não havia mais poliedros estelares regulares.

Embora se atribua a Platão a primeira descrição dos sólidos platônicos, eles estão todos representados em esferas de pedra entalhada com 4.000 anos de idade encontradas na Escócia. Pelo menos um dos poliedros de Kepler era conhecido antes que ele escrevesse sobre ele. Um polígono estrelado está desenhado no piso de mármore da Basílica de São Marcos em Veneza, Itália, e data do século 15.

Poliedros estelares regulares e irregulares são criados estendendo-se as faces de um poliedro até que elas se cruzem. Alguns poliedros produzem muitas estrelas, outros bem poucas.

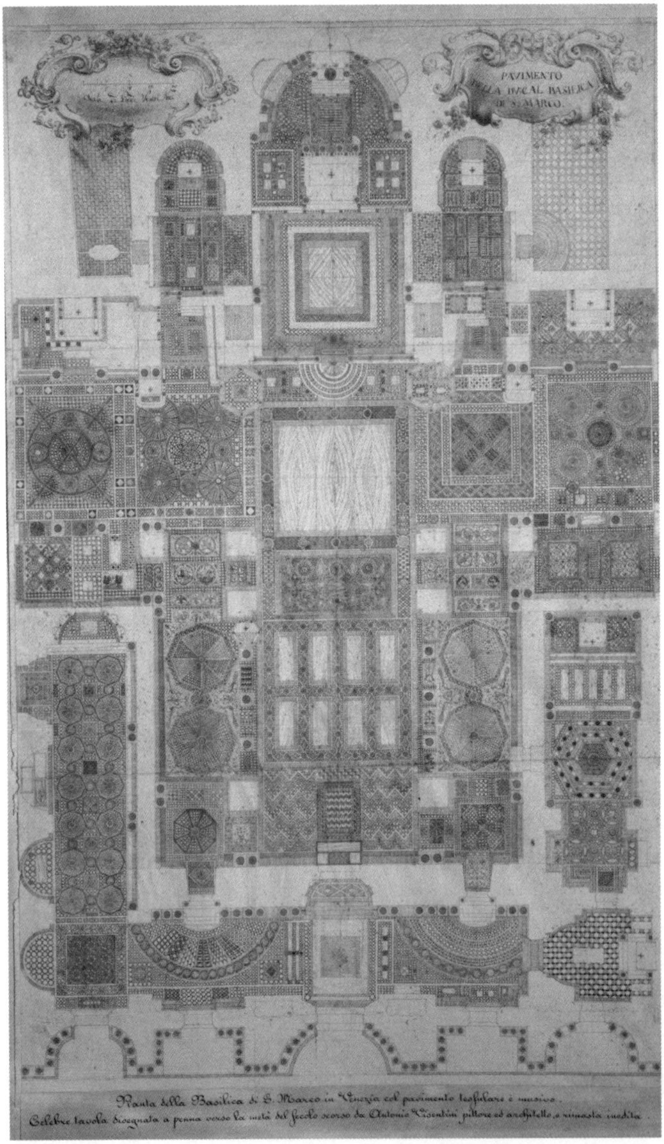

O piso da Basílica de São Marcos em Veneza: um polígono estrelado no piso de mármore é do século 15.

Medindo Volume

Assim como um polígono bidimensional pode ser reduzido a uma série de triângulos, um poliedro tridimensional geralmente pode também ser reduzido a sólidos regulares para cálculo de volume. Os antigos egípcios conheciam métodos para calcular o volume de um cubo, de uma pirâmide quadrada ou triangular, cilindros e cones. Mas o volume de formas que não podem ser reduzidas a qualquer uma dessas é mais difícil de calcular. É atribuída a Arquimedes a descoberta de que o volume de uma forma irregular pode ser determinado medindo-se o volume de água que aquela forma desloca, uma descoberta que, segundo se conta, o fez sair nu de seu banho correndo pela rua gritando, "Eureka!".

A COROA DE OURO

O escritor romano Vitrúvio (que morreu aproximadamente em 25 a.C.) contou uma história na qual o Rei Hieron encomendou uma coroa de ouro maciço e pediu a Arquimedes que determinasse se a coroa que o joalheiro fez era mesmo de ouro maciço. É claro que Arquimedes não podia danificar a coroa para testá-la. Enquanto tomava banho, ele descobriu que podia medir a quantidade de água deslocada submergindo a coroa, depois pesar a coroa e calcular sua densidade. Comparando esse resultado com a densidade conhecida do ouro, ele poderia determinar se a coroa tinha sido adulterada com algum metal mais barato e menos denso.

Embora muito famoso pelo seu "Eureka!" durante o banho, Arquimedes também explicou os princípios da alavanca, o dispositivo sobre o qual se baseia a mecânica.

Uma esfera usualmente não é considerada um sólido regular, pois ela não tem ângulos, arestas ou faces. Arquimedes provou que o volume e a área superficial de uma esfera são dois terços do volume ou área superficial de um cilindro com o diâmetro igual à altura. A primeira demonstração do volume de uma esfera, $4/3\pi r^3$, foi feita pelo matemático chinês Zu Chongzhi (429-500).

Volumes e Cálculos

Após estabelecer métodos matemáticos para determinar os volumes de poliedros regulares ou sólidos que podem ser desmembrados em poliedros regulares, além de um método prático para medir o volume de sólidos irregulares (por imersão), pouco resta para calcular exceto o volume de sólidos irregulares e cônicos sólidos. Esses problemas só foram resolvidos após a invenção do cálculo no fim do século 17.

Zu Chongzhi foi o primeiro a medir o volume de uma esfera, mas também criou um novo sistema de calendário, como é comemorado nesta estátua em Shanghai.

Vendo o mundo

Para toda a pureza teórica dos matemáticos gregos, a matemática tem origem e causa impactos em nossas relações com o mundo real. Os desenvolvimentos que haviam começado com um interesse em lógica exclusiva, distantes das aplicações do mundo real, resultaram na Europa da Renascença em uma grande fertilização cruzada entre as artes, ciências e matemática que resultaram em novas maneiras de ver o mundo. Estes, por sua vez, refletiram em novas ideias matemáticas.

A maneira como vemos o mundo – na verdade, o universo – ao nosso redor interessou e inspirou geômetras durante séculos. Não apenas os mecanismos sobre como vemos e como se comporta a luz, mas também as dificuldades para representar e modelar o que vemos foram beneficiados e possibilitaram desenvolvimentos na geometria. A geometria da perspectiva é o estudo das relações entre figuras e como elas são mapeadas ou representadas, e começou com o estudo de sombras projetadas por objetos e a maneira como vemos as coisas à distância.

Colocando as Coisas em Perspectiva

O cientista e matemático árabe Abu Ali al-Hasan ibn al-Haytham (c.965-1040) trabalhou com a geometria para formular suas ideias sobre óptica. Ele desenvolveu parte do trabalho de Euclides, redefinindo linhas paralelas, e usou seções cônicas para ajudar em sua exploração da reflexão e refração da luz. Ele chegou ao modelo preciso dos raios de luz emanando de um objeto e não sendo enviados pelo olho do observador (que era o modelo adotado por alguns cientistas). Ele descreveu uma pirâmide de raios saindo de um objeto, alguns dos quais chegam ao olho do observador. Ele prosseguiu para determinar o ponto de reflexão a partir de um plano ou superfície curva, usando seções cônicas. O trabalho de al-Haytham chegou ao Ocidente através da tradução para o latim e promoveu um dos maiores eventos revolucionários na história da arte – a descoberta da perspectiva linear na Renascença italiana.

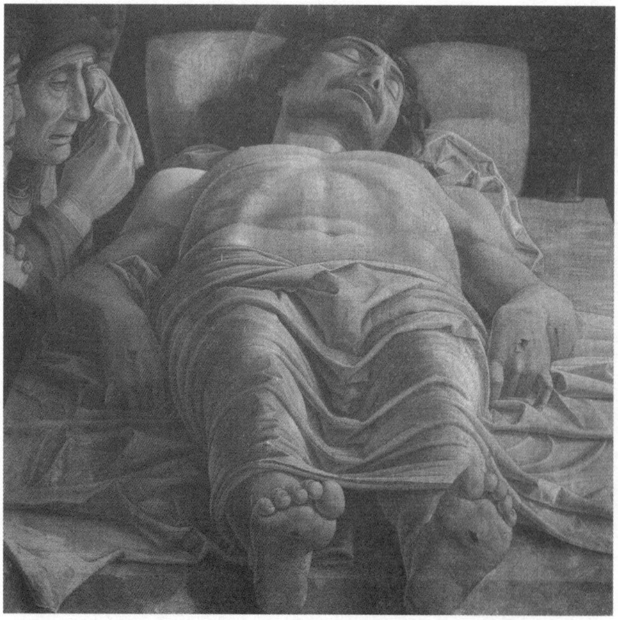

O Cristo Morto por Andrea Mantegna (1431-1506) é um excelente primeiro exemplo da aplicação dos princípios da perspectiva na arte ocidental.

Foi o arquiteto e engenheiro florentino, Filippo Brunelleschi (1377-1446), quem primeiro redescobriu o princípio arquitetônico da perspectiva linear que era conhecida pelos gregos e romanos. Brunelleschi demonstrou o princípio da perspectiva em dois painéis ilustrativos que foram perdidos, mas em 1435 seu trabalho foi incorporado em Della pittura (Sobre a Pintura) por Leon Battista Alberti (1404-72).

Alberti sugere que uma pintura é como uma projeção de uma imagem em um plano vertical passando através da pirâmide de raios de luz em algum ponto entre o objeto (o vértice da pirâmide) e o olho do observador. A pintura inclui um "ponto no infinito" (agora chamado de ponto de fuga) no qual convergem as linhas paralelas da pintura.

A cúpula da Catedral de Santa Maria Del Fiore, em Florença (1420-36), é o pináculo da realização de Brunelleschi; ela é sustentada pela pressão das vigas de madeira.

Mapeando o mundo

Para registrar as imagens do mundo em larga escala era necessário um tipo diferente de aplicação da geometria. Os agrimensores usaram trigonometria para o novo método de triangulação que tornou possível criar mapas precisos pela primeira vez. A triangulação foi sugerida pela primeira vez na Europa pelo matemático fla-

Membros do levantamento topográfico de 1874 fazem um trabalho de triangulação no topo da Sultan Mountain em San Jan County, Colorado, USA.

mengo Gemma Frisius (1508-55) em 1533, embora versões primitivas de triangulação tenham sido usadas no Egito e na Grécia, e Heron de Alexandria tenha descrito um teodolito primitivo na século 1 d.C.

A partir de cada extremidade de uma linha de base são medidos ângulos de visão a um objeto distante usando um teodolito. Métodos trigonométricos fornecem então a distância até o objeto. Cobrindo uma superfície geográfica com triângulos medidos e calculados, toda a área pode ser mapeada.

Um mapa mundial da Renascença baseado nos escritos da Geografia de Ptolomeu. A arte da cartografia se desenvolveu dramaticamente durante a época das descobertas.

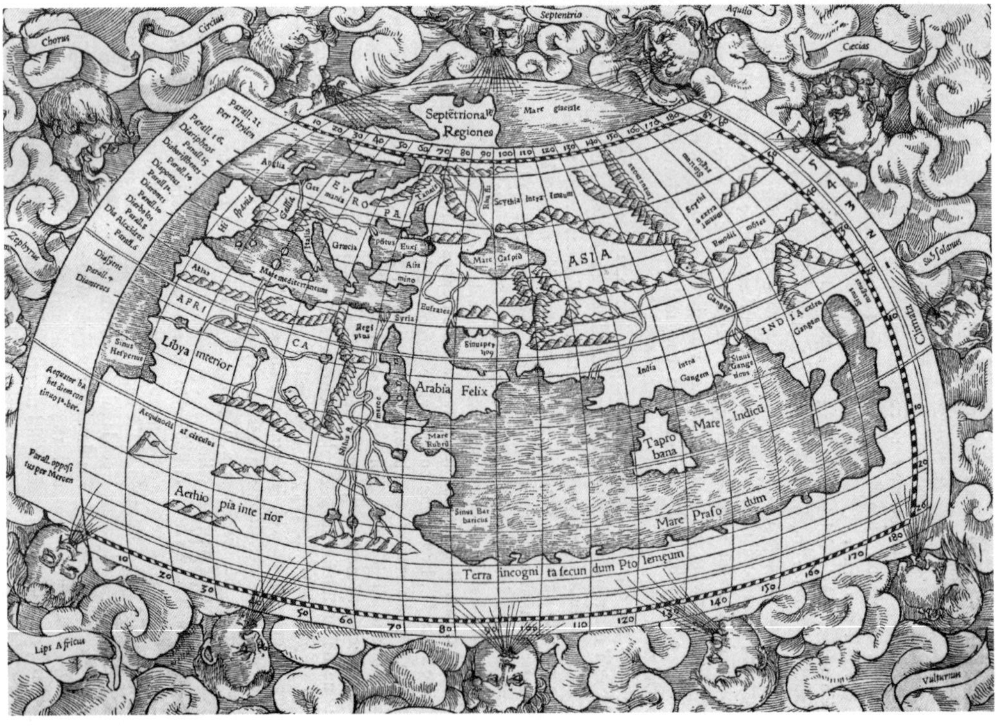

PTOLOMEU E AS AMÉRICAS

Embora o trabalho mais famoso de Ptolomeu tenha sido Almagesto, ele também escreveu Geografia, que foi importante por mais de mil anos. Ele desenvolveu duas projeções e introduziu linhas de latitude e longitude, embora a imprecisão das medidas tenha levado a erros consideráveis em suas longitudes. Ele também superestimou a extensão da superfície da Terra coberta pelas terras helênicas e consequentemente seu cálculo do tamanho da terra foi menor do que o real.

Os primeiros mapas europeus da Idade Média dependiam muito de Geografia de Ptolomeu. Quando os exploradores planejaram navegar para a Índia tomando o rumo do Ocidente, eles esperavam que a viagem fosse muito mais rápida do que realmente foi. Talvez se Colombo tivesse percebido a verdadeira natureza da empreitada, ele não teria feito a viagem que o levou às Américas.

Uma representação artística romantizada de Colombo desembarcando na America em 1492. Ele deve ter se sentido aliviado por pisar em terra após uma viagem mais longa do que o esperado.

O primeiro projeto de mapeamento em larga escala foi executado por Willebrord van Roijen Snell (1581-1626), que mapeou um faixa de 130 km (80 milhas) na Holanda com 33 triângulos. O governo francês decidiu mapear toda a França, o que levou mais de cem anos para se completar. Os britânicos mapearam toda a Índia entre 1800 e 1912, descobrindo nesse processo o Monte Everest.

A partir do século 15, os exploradores descobriram e mapearam novas terras, começando com os portugueses explorando a costa da África. Embora o mapeamento seja feito em linhas retas, os cartógrafos que desejavam registrar as grandes extensões de terras recentemente descobertas precisavam de uma maneira de representar, em duas dimensões, terrenos que na realidade são estendidos sobre a superfície de uma esfera. O método que Ptolomeu usou em sua Geografia (redescoberto na Europa na Renascença) não funcionava no mundo ampliado. Em vez disso, os cartógrafos adotaram a projeção estereográfica que os astrônomos usaram para representar o céu. Mas a astronomia representa o interior de um hemisfério e os cartógrafos precisavam representar o exterior de uma esfera (uma projeção estereográfica projeta uma esfera em um plano a partir de um ponto de projeção que então não é visível no mapa. As áreas próximas do ponto de projeção são distorcidas).

A variante mais bem-sucedida desenvolvida foi a projeção Mercator, usada primeiro

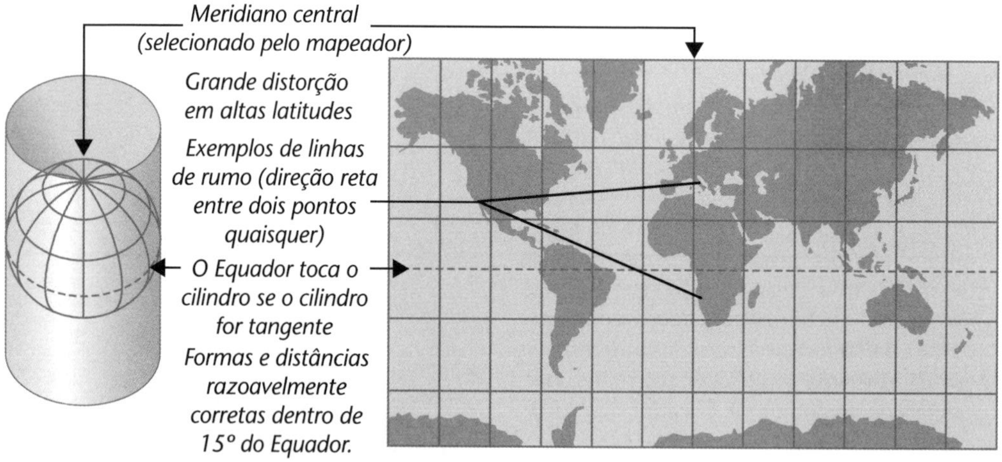

Um mapa do mundo usando a projeção ***Mercator****, mostrando como ele é derivado da projeção do globo em um cilindro.*

pelo criador de mapas flamengo (da Bélgica Holandesa) Gerardus Mercator (1512-94). Ele desenhou a Terra como se ela fosse projetada sobre um cilindro tangente ao equador. Os paralelos e meridianos são traçados como linhas retas espaçadas para produzir uma relação precisa da latitude para a longitude em qualquer ponto do mapa. Quando o cilindro é desenrolado, revela-se o mapa plano. Embora a projeção fosse útil para navegação, ela distorce áreas particularmente próximas aos polos. Por exemplo, uma projeção Mercator da Terra mostra a Groenlândia aproximadamente com o mesmo tamanho da África, enquanto que de fato a área da África é aproximadamente 14 vezes maior do que a da Groenlândia.

De Volta para a Matemática

A intensa discussão da perspectiva e das projeções retornou para a matemática, estimulando a discussão das propriedades da perspectiva em geral. O resultado mais significativo foi no trabalho de Girard Desargues (1591-1661), que eventualmente levou ao desenvolvimento de uma geometria projetiva mais rigorosa no século 19.

Desargues era um matemático francês, arquiteto e artista, um amigo de René Descartes e Pierre de Fermat (1601-65), os matemáticos mais importantes de sua época. Ele desenvolveu um método geométrico para construir imagens em perspectiva de objetos e escreveu um texto altamente teórico explicando a geometria de construção de perspectivas em 1636. O gravador Abraham Bosse reformulou o trabalho de Desargue

GEOMETRIA PROJETIVA

A geometria projetiva formaliza o princípio central da perspectiva linear na arte de mostrar linhas paralelas encontrando-se em um ponto que representa o infinito. Ela rejeita o quinto axioma de Euclides (postulado das paralelas). Desargues ampliou o truque do desenho em perspectiva tirando-o da página do artista e formulando um espaço no qual as linhas paralelas realmente se encontram no infinito. Ele usou essa projeção para estudar figuras geométricas, incluindo cônicas.

em 1648 em uma forma mais acessível, apresentando o que agora conhecemos como teorema de Desargue. Esse teorema diz que se dois triângulos estão situados no espaço tridimensional de forma que eles podem ser vistos em perspectiva a partir de um ponto, então os lados correspondentes dos triângulos podem ser estendidos de forma que eles se interceptam, com todos os pontos de intersecção situados em uma linha. Isso funciona desde que não haja dois lados correspondentes paralelos. Uma modificação do teorema leva isso em conta. O trabalho de Desargue foi popular por aproximadamente 50 anos, e foi lido por Pascal (veja página 47) e Leibniz, mas foi depois largamente ignorado até ser redescoberto e publicado novamente em 1864. Tanto Desargues quanto Pascal estudaram as propriedades das figuras que foram preservadas e aquelas que foram distorcidas por diferentes métodos de projeção. Por exemplo, um mapa plano de um mundo esférico não pode representar com precisão distâncias e formas.

Gerardus Mercator segurando o globo.

Os princípios da geometria projetiva foram redescobertos por Jean-Victor Poncelet (1788-1867), no início do século 19. Poncelet foi deixado para morrer

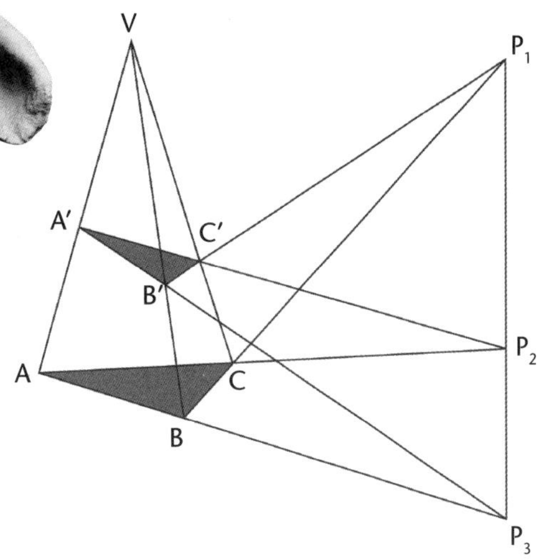

Do ponto de observação V, os triângulos estão em perspectiva. Se lados correspondentes dos triângulos forem estendidos até se encontrarem (BC e B´C´, etc.), os pontos de intersecção, P1, P2 e P3 situam-se em uma linha reta.

Além de seu trabalho sobre geometria projetiva, Poncelet é considerado como o engenheiro mais influente na história, provando o teorema trabalho-energia cinética.

em Krasnoy, Rússia, em 1812, após lutar na guerra de Napoleão contra a Rússia. Ele foi então capturado e feito prisioneiro em Saratov, e trabalhou em problemas de perspectiva e cônicas enquanto estava na prisão. Sua solução para a necessidade de modificar o teorema de Desargue no caso dos lados paralelos era mudar a natureza do espaço euclidiano. Poncelet postulou pontos no infinito, cada linha tendo um ponto no infinito e linhas paralelas tendo um ponto em comum no infinito. Isso se tornou a base da nova geometria projetiva. Poncelet ignorou as medidas geométricas de distâncias e ângulos para encontrar outras propriedades das figuras que não variam quando elas são projetadas. Estas envolviam pontos colineares – pontos que se situam em uma linha no original também se situam em uma linha na projeção – e algumas relações especiais entre distâncias. A geometria projetiva pôde ser usada para outros trabalhos em cônicas (já que todas as seções cônicas podem ser vistas como projeções de um círculo).

Outros mundos

A geometria euclideana nos proporciona as ferramentas que precisamos para trabalhar com a geometria dos planos – mas planos perfeitamente planos existem somente em ambientes pequenos ou ideais. Nós vivemos em uma Terra esférica, em um universo com pelo menos três dimensões. Ao representar a superfície curva da Terra ou do céu, como o vemos em um pedaço de papel plano, nós estamos necessariamente distorcendo-a. Alguns desses problemas são tratados pela geometria projetiva. No entanto, na medida em que nos distanciamos da curvatura regular de uma esfera, aparecem mais problemas da geometria relacionados com superfícies curvas. Embora os antigos já estivessem cientes das dificuldades de casar a geometria de Euclides com as superfícies curvas, até o século 19 os matemáticos não tinham desenvolvido novos modelos para lidar com eles.

Geometria Esférica

A primeira geometria não euclidiana a ser desenvolvida, a geometria esférica, trata das medidas na superfície de uma esfera. É a geometria da superfície de uma esfera.

Uma anomalia da geometria esférica é imediatamente aparente. Uma linha na geometria esférica é o caminho mais curto entre dois pontos, assim como na geome-

> *"Já foi demonstrado pelos matemáticos que a superfície da terra e da água é em sua totalidade uma esfera... e que qualquer plano que passe através do centro forma em sua superfície, ou seja, na superfície da terra e do céu, grandes círculos."*
>
> Ptolomeu, *Geografia*, c 150 a.C.

Usando geometria esférica, somos capazes de medir distâncias em planetas e luas com certo grau de precisão.

tria plana, mas ela parece muito diferente. Uma linha traçada através da superfície de uma esfera, se for suficientemente longa, encontra-se novamente com seu inicio, tornando-se um círculo com seu centro no centro da esfera. Isto é chamado de uma geodésica, ou grande círculo – e assim uma linha reta transforma-se em um círculo! Todos os outros aspectos da geometria plana são então adaptados convenientemente e, assim, os ângulos são definidos entre grandes círculos, por exemplo.

Uma linha em uma superfície esférica é definida não por seu comprimento, mas pelo ângulo sob o qual seus pontos finais aparecem quando vistos a partir do centro da esfera. Esse ângulo é chamado de ângulo arco. Usualmente ele é medido em radianos. O ângulo arco multiplicado pelo raio da esfera dá o comprimento da linha sobre a superfície.

Algumas diferenças entre geometria planar e esférica tornam-se imediatamente óbvias. Na superfície de uma esfera, podemos definir uma forma fechada usando somente duas linhas (ou grandes círculos) – pense no segmento de uma laranja. É claro que não podemos criar uma forma a partir de somente duas linhas retas em um plano. Os triângulos esféricos têm outras propriedades especiais. A soma dos ângulos é sempre maior do que 180°; esse tamanho maior do que 180° é determinado pelo tamanho do triângulo e é chamado de excesso esférico (E). Isto pode ser usado para calcular a área do triângulo.

área = E x r^2

onde r é o raio da esfera e E é dado em radianos. Isto é chamado de Teorema de Girard, em homenagem ao matemático francês Albert Girard (1595-1632).

RADIANOS E GRAUS

Um radiano = 180/π graus; há 2π radianos em um círculo, ou π radianos em uma linha reta. Radianos foram usados pela primeira vez como medida de ângulos pelo matemático inglês Roger Coates em 1713. Ele reconheceu que o radiano é uma unidade de medida mais natural do que o grau, embora ele não tenha usado o nome. O termo apareceu impresso pela primeira vez em um exame na Queens College, Belfast em 1873.

A superfície externa de um segmento de uma laranja é uma forma limitada apenas por duas linhas retas.

Os primeiros astrônomos e agrimensores estavam trabalhando com esferas quando olhavam para o céu e para a terra. Eles logo perceberam as dificuldades das geometrias euclidianas quando aplicadas a esferas. No entanto, foram necessários muitos séculos para que a possibilidade de regras geométricas alternativas fossem aceitas.

Geometrias Elípticas e Hiperbólicas

Superfícies curvas dão origem a duas geometrias não euclidianas. Linhas traçadas sobre superfícies curvas não se comportam da mesma maneira que aquelas traçadas sobre um plano, conforme já vimos na geometria esférica. E o que é mais importante, o quinto postulado de Euclides não vale. Na geometria plana euclidiana duas linhas, ambas perpendiculares a uma dada linha L, serão paralelas. Para uma superfície curva isso não é verdade. Em uma superfície elíptica, não existem tais linhas – duas linhas traçadas perpendiculares a uma terceira linha eventualmente se interceptarão. Uma superfície perfeitamente elíptica é uma esfera e a geometria esférica é um modelo especial – o mais simples – de geometria elíptica.

Em uma superfície hiperbólica, duas linhas traçadas perpendicularmente a L irão divergir. Se a curvatura for exatamente correta, a superfície hiperbólica estará dentro de uma esfera, mas se não for, ela será uma grande concha. Está claro que o reverso de uma superfície hiperbólica é elíptica – a parte externa de uma esfera é elíptica e o interno de uma esfera é hiperbólico.

> *"A hipótese do ângulo agudo é absolutamente falsa; porque é repugnante à natureza das linhas retas."*
>
> Saccheri

Rejeitando Geometrias Alternativas

O fato de que o comportamento de linhas em uma superfície curva ser contrário às regras da geometria de Euclides confundia os matemáticos. Por muitos séculos, eles tentaram negar todas as geometrias de Euclides. O matemático italiano, Giovanni Girolamo Saccheri (1667-1733), tentou provar que elas não poderiam existir, mas acabou fazendo o contrário, demonstrando a possibilidade de geometrias alternativas

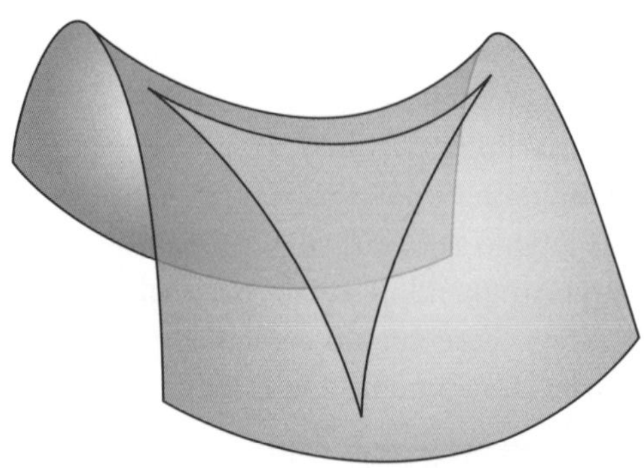

Um triângulo desenhado sobre a superfície hiperbólica de uma sela demonstra que os ângulos internos de um triângulo na geometria hiperbólica somam menos de 180°.

Três simples diagramas representando o comportamento de linhas com uma perpendicular comum em cada um dos três tipos de geometria.

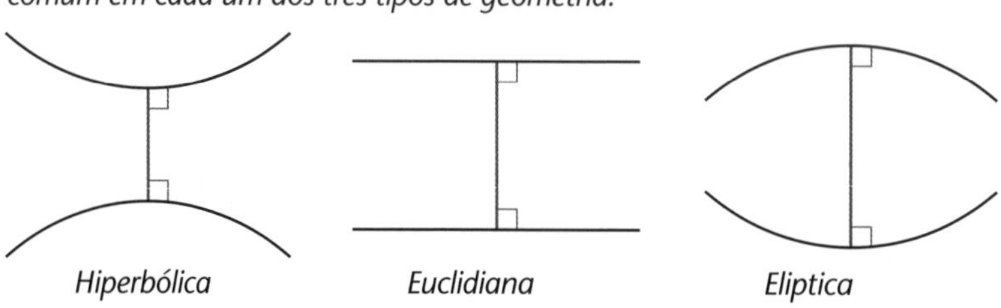

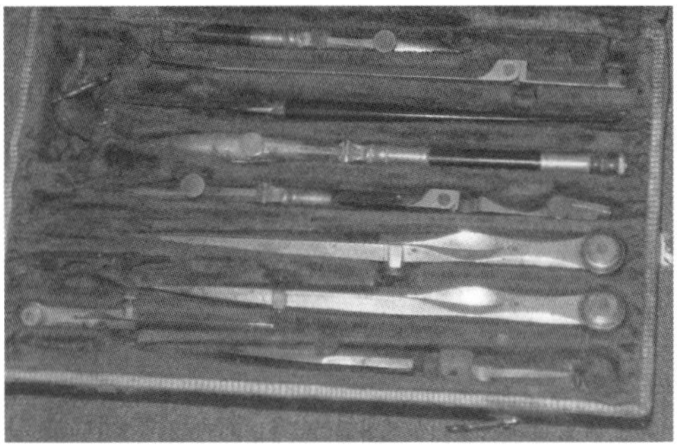

Compassos de Fános Bolyai no Museu Bolyai, em Marosvásárhely, Romênia (onde ele morreu).

e deduzindo alguns dos princípios da geometria hiperbólica. Seu trabalho aparentemente foi baseado nos escritos do matemático iraniano, Omar Khayyam (1048-1131), embora ele possa ter desenvolvido seus argumentos independentemente.

Saccheri usou como ponto de partida um paralelogramo proposto por Omar Khayyam. O paralelogramo é formado por um par de linhas paralelas, com lados traçados entre elas, perpendiculares às duas linhas (na geometria planar normal, isto se parece com um retângulo regular). Ele então considerou três possibilidades: que os ângulos internos fossem 90º, menos de 90º (agudos) ou mais de 90º (obtusos). Embora pareça muito óbvio que eles são 90º, seu desejo era provar que eles não podiam ser nada diferente disso, e assim suportar o quinto postulado. Ele concluiu que essas hipóteses alternativas não eram tão absurdas quanto Saccheri esperava. Seu raciocínio para recusar as duas outras possibilidades não era suficientemente rigoroso e, embora ele as rejeitasse, ele não pôde refutar com sucesso o caso dos ângulos agudos. Descobriu-se mais tarde que o caso do ângulo agudo dá um sistema equivalente à geometria hiperbólica e que o ângulo obtuso resulta na geometria elíptica. O trabalho de Saccheri teve pouco impacto em sua vida, e sua importância não foi reconhecida até que Eugenio Beltrami o redescobriu nos meados do século 19.

Começa a Aceitação

A geometria hiperbólica ressurgiu com o trabalho independente do húngaro János Bolyai (1802-60) e do russo Nilolai Ivanovich Lobachevski (1792-1856) por volta de 1830. Bolyai publicou em alemão e Lobachevski em russo; e só depois que Lobachevski publicou também em alemão é que o trabalho teve maior atenção. O grande matemático alemão, Carl Friedrich Gauss, reclamou a Bolyai que ele já havia desco-

Uma estátua de János Bolyai e seu pai, Farkas, um matemático também bastante conhecido, que instruiu seu filho desde a mais tenra idade.

CARL FRIEDRICH GAUSS (1777-1855)

Carl Friedrich Gauss era uma criança prodígio, de pais pobres e sem cultura, nascido na Alemanha. Ele tinha uma capacidade mental espantosa para a aritmética e dizia ser capaz de calcular logaritmos mentalmente, mais rápido do que os consultando em uma tabela.

Gauss fez grandes progressos na matemática e suas aplicações na astronomia, estatística, ciências terrestres e topografia. Ele produziu vários teoremas e provas importantes em muitas áreas, e seu trabalho sobre curvatura serviu de base à teoria da relatividade de Einstein. Trabalhando com seu professor de física, Wilhelm Weber, ele estudou o campo magnético da Terra, desenvolvendo métodos que ainda eram usados até a segunda metade do século 20. A dupla também construiu o primeiro telégrafo eletromagnético em 1833. A alegação de Gauss de ter descoberto a geometria hiperbólica antes de Bolyai causou um conflito na relação entre os dois, pois Bolyai considerava que Gauss estava tentando roubar suas ideias. Na verdade, os diários pessoais de Gauss sugerem que em várias ocasiões ele teve ideias muitos anos e até décadas antes que outros as publicassem, mas ele mesmo nunca se importou com isso.

O monumento Gauss-Weber em Göttingen, criado por Carl Ferdinand Hartzer em 1899.

berto grande parte do que Bolyai havia revelado quando publicou em 1832, mas que ele mesmo não havia ainda publicado. Isso provavelmente era verdade, e tanto Lobachevski quanto Bolyai tinham ligações com Gauss, que poderia ter proporcionado a eles informações sobre seus ensinamentos e correspondências. Neste caso, Gauss teria sido o primeiro a desenvolver uma geometria não euclidiana consistente. O trabalho de Lobachevski e Bolyai teve pouco impacto até que as ideias de Gauss foram publicadas após sua morte em 1855.

Um retrato de Nikolai Ivanovich Lobachevski. Ele passou a maior parte de sua carreira como professor na Universidade Kazan.

Gauss sugeriu tratar as superfícies hiperbólicas e elípticas como "espaços", porque embora elas existam em três dimensões, na realidade têm apenas duas dimensões e são necessárias apenas duas variáveis para especificar um ponto nelas. Ele mostrou que uma superfície podia ser descrita inteiramente como referência a distâncias e ângulos medidos sobre ela, sem dar informações sobre seu posicionamento no espaço tridimensional.

Riemann e as Curvas Irregulares

Embora Bolyai e Lobachevski tivessem demonstrado que uma série de métodos alternativos para trabalhar com superfícies hiperbólicas eram viáveis, não havia um modelo equivalente aos planos, linhas e pontos de Euclides para lidar com a geometria das superfícies curvas. Um modelo desses foi descoberto pelo italiano Eugenio Beltrami (1835-99), em 1868. O importante é que ele demonstrou que a geometria hiperbólica era consistente se a geometria euclidiana é consistente.

Um gráfico computadorizado mostrando a curvatura do espaço criado por um buraco negro. A curvatura do espaço-tempo foi estabelecida pela teoria da relatividade de Einstein.

Beltrami desenvolveu modelos espaciais que agora são chamados de pseudoesfera, disco de Poincaré, modelo Klein e meio-plano de Poincaré.

No disco de Poincaré, as distâncias nas bordas são maiores do que as distâncias próximas ao centro, embora isso não seja aparente quando o disco se curva para longe do observador. Na figura de Escher, "Circle Limit III", as figuras são do mesmo tamanho em toda a superfície. A maneira como a projeção do mapa Mercator distorce o tamanho dos países próximo aos polos é similar – a Groenlândia parece muito maior do que ela é, por exemplo –, mas em um disco Poincaré a distorção é de outra forma, com as distâncias parecendo menores do que elas realmente são. A menor distância entre dois pontos na borda de um disco Poincaré é um arco de um círculo traçado em ângulos retos a partir da borda do disco.

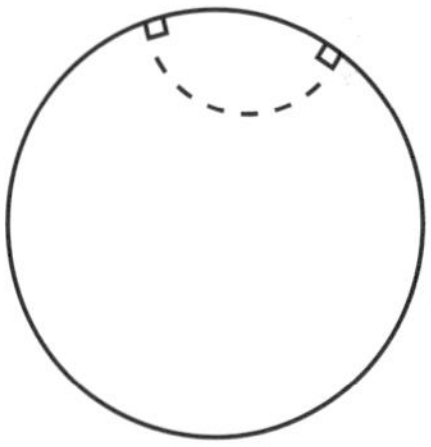

De forma similar, o centro de um círculo hiperbólico não está no meio.

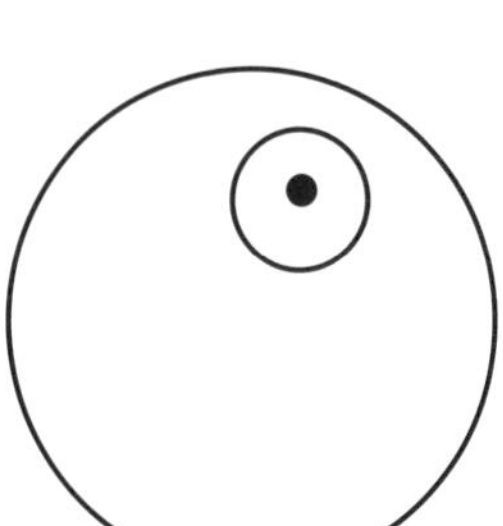

O alemão Bernhard Riemann (1826-66) ampliou a geometria hiperbólica para trabalhar com superfícies que não têm uma curvatura uniforme. Ele desenvolveu um sistema para descrever a curvatura em qualquer ponto em uma superfície no espaço usando somente dez números. A geometria de Riemann envolve o postulado de dimensões superiores (isto é, dimensões além das três dimensões físicas familiares). Ele começou com o conceito de um espaço n-dimensional, e usou o cálculo para proporcionar geodésicas para qualquer superfície curva. Seu trabalho é a base de grande parte da física moderna, incluindo a teoria da relatividade de Einstein.

"As visões de espaço e tempo que quero lhes apresentar nasceram no terreno da física experimental, e é ali que está sua força. Elas são radicais. De agora em diante o espaço por si só, e o tempo por si só, estão destinados a desaparecer em meras sombras, e somente uma espécie de união dos dois preservará uma realidade independente."
Hermann Minkowski, 1908

As tentativas para provar geometrias não euclidianas levaram a um maior rigor no exame de Elementos. O matemático alemão Moritz Pasch (1843-1930) viu a necessidade de conceitos, axiomas e deduções lógicas baseadas nesses axiomas para servir de base a novas geometrias, bem como à velha matemática. Isso contribuiu para a tendência, liderada por David Hilbert no início do século 20, de transformar em axiomas toda a matemática e proporcionar uma base sólida em provas até para as deduções mais óbvias (veja página 203).

De Dentro para Fora?

As superfícies curvas formam a base do ramo da matemática chamado de topologia. Ela se tornou uma das áreas mais importantes do desenvolvimento na matemática nos meados do século 20 (1925-1975). Embora as superfícies curvas existam no espaço n-dimensional conforme mostraram Gauss e Riemann, elas têm apenas duas dimensões próprias. As superfícies podem até ser torcidas em formas que parecem ser objetos tridimensionais, produzindo anomalias curiosas que não tem um lado interno ou externo distinto.

O exemplo mais simples dessa ideia é a tira de Möbius, que pode ser feita facilmente tomando-se uma fita de papel, torcendo uma vez e colando as extremidades. A tira tem somente um lado – você pode percorrê-la com um dedo sobre toda a superfície, ambos os lados da fita de papel original, em um movimento contínuo.

A garrafa de Klein é uma extensão deste princípio que requer mais uma dimensão. Embora a garrafa seja necessariamente de-

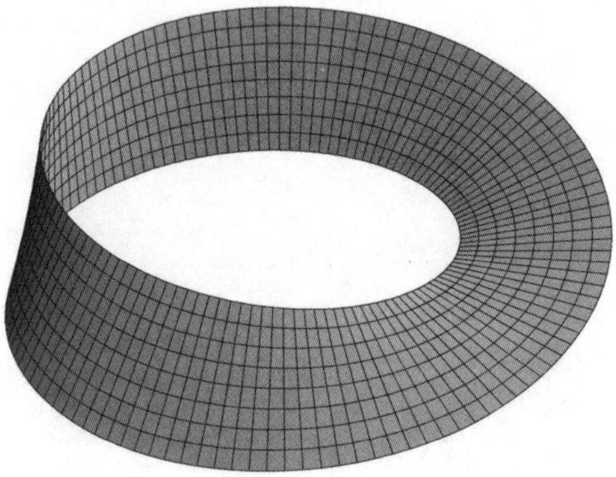

Uma tira de Möbius. A ilusão visual criada por essas formas – são duas ou três dimensões? – forma a base do trabalho do artista M. C. Escher (1898-1972).

EINSTEIN, RIEMANN E O CONTÍNUO ESPAÇO-TEMPO

A teoria geral da relatividade postulada por Albert Einstein (1879-1955) usa os conceitos da geometria de Riemann e uma dimensão extra, formando um espaço a quatro dimensões chamado de espaço-tempo (espaço-tempo foi sugerido pela primeira vez por Hermann Minkowski (1864-1909), após a publicação da teoria especial da relatividade de Einstein em 1905). Na relatividade geral, o espaço-tempo é curvo, com o grau de curvatura aumentando próximo a corpos com grande massa. A curvatura é produzida pela interação de massa-energia e momentum produzindo o fenômeno que conhecemos como gravidade. Assim a teoria de Einstein substitui a "força" da gravidade familiar da mecânica newtoniana pela geometria não euclidiana multidimensional.

Seguindo o exemplo de Minkowski, Albert Einstein acrescentou uma quarta dimensão aos mundos da matemática e geometria com sua teoria espaço-tempo.

Essa curvatura, e o princípio da relatividade, foram provados em 1919 por observações de um eclipse. Einstein previu que os raios de luz seriam distorcidos pela curvatura do espaço produzida pela gravidade de uma estrela ou planeta próximos.

No momento de um eclipse, uma estrela apareceria em uma posição ligeiramente errada devido à distorção. Medidas feitas por Sir Arthur Eddington (1882-1944) em Principe Island, Golfo da Nova Guiné, provaram que isso estava certo.

FLATLAND

O romance Flatland: A Romance of Many Dimensions (Um Romance de Muitas Dimensões) escrito e ilustrado por Edwin Abbott Abbott, em 1884, satirizava a hierarquia social da era vitoriana na Inglaterra em um conto matemático. O narrador, um quadrado, ocupa um mundo de duas dimensões, chamado de Flatland (Terra plana). Ele sonha que está visitando um mundo unidimensional, Lineland (Terra da linha), mas não pode convencer a régua de que a vida em duas dimensões é possível. O quadrado é visitado por uma esfera, mas não pode entender a ideia de um mundo tridimensional até visitá-lo. O quadrado então tenta convencer a esfera de que podem existir mais dimensões, mas ele mesmo não é convencido. Torna-se uma ofensa grave sugerir em Flatland que é possível um mundo a três dimensões.

Em outro sonho, o quadrado é apresentado a Pointland (Terra do ponto) e novamente não tem sucesso ao tentar convencer a régua da existência de mundos alternativos.

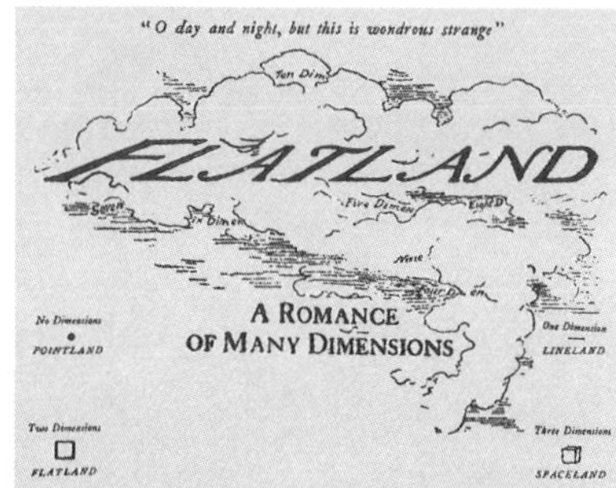

Página ilustrativa de Flatland, mostrando todos os lugares que o quadrado visita em seu sonho.

senhada interceptando sua própria superfície, como ela é modelada matematicamente é curvada através de quatro dimensões e não tem intersecção. O lado interno se transforma no lado externo de forma contínua. Uma garrafa de Klein pode ser desmembrada resultando em duas tiras Möbius.

O artista holandês M. C. Escher desenhou várias cenas que usavam as ideias de superfícies e estruturas impossíveis. O triângulo de Penrose, desenhado primeiro pelo artista sueco, Oscar Reutersvärd, em 1934, foi popularizado pelo matemático Roger Penrose na década de 50. Ele o chamou de "impossibilidade na sua mais pura forma".

TRIVIALIDADES

O nome "Garrafa de Klein" é uma interpretação errada da Kleinsche Fläche ("superfície de Klein") alemã como Kleinsche Flasche ("garrafa de Klein"). O nome pegou (mesmo em alemão) e vários sopradores de vidro têm feito literalmente "garrafas de Klein", embora necessariamente com uma intersecção. Há uma mostra delas no Museu de Ciências em Londres.

Continuando

Geometrias impossíveis, como se vê, não são tão impossíveis afinal, e o fato de que não podemos visualizar alguma coisa não significa que aquela coisa não possa existir. Como no caso do mapeamento do espaço tridimensional no plano, tudo o que é necessário é um método completo e consistente. A maneira como essas representações funcionam, especialmente para espaços em mais de três dimensões, é por meio de um sistema de coordenadas. Isso

O triângulo impossível em East Perth, Oeste da Austrália. A estrutura na realidade é interrompida no topo, e foi fotografada a partir de um dos dois pontos em que ela deve ser vista.

pode ser explorado e manipulado matematicamente usando álgebra. A álgebra e a geometria desenvolveram-se em paralelo, com considerável cruzamento, até o século 17. Então o trabalho notável de dois franceses naquele século as colocou juntas e proporcionou as ferramentas necessárias para que a geometria de Riemann e outras geometrias não euclidianas fossem formuladas.

Um matemático de nome Klein
Pensou que a faixa de Möbius era divina.
Disse ele: "Se você colar
As bordas de duas,
Você obterá uma garrafa estranha como a minha."

Poema humorístico anônimo

O triângulo de Penrose.

CAPÍTULO 5

A FÓRMULA MÁGICA

A álgebra é familiar para muitas pessoas na forma de equações que devem ser resolvidas, seja na forma de exercícios na escola ou na forma de equações para modelar problemas em economia, ciência ou alguma outra disciplina.

A representação de quantidades desconhecidas através de símbolos, fundamental na álgebra, evoluiu lentamente. Embora os antigos egípcios e os matemáticos sumérios tenham tratado de problemas que envolviam quantidades desconhecidas, eles não as expressaram na forma de equações como fazemos agora. Sem dúvida, só depois do fim do século 16 evoluiu a forma familiar de equação. Temos agora muitas maneiras de resolver equações, incluindo o uso de gráficos. Isso tem sido possível devido ao grande feito de René Descartes, que juntou a geometria e a álgebra em um sistema de coordenadas cartesianas que permite que uma equação seja representada como um gráfico.

Neste ângulo, a Torre de Babel desafia as regras de Deus e da geometria.

Álgebra no mundo antigo

É impossível separar a álgebra simples da geometria, pois foram em problemas relacionados com geometria de duas e três dimensões que as questões algébricas surgiram pela primeira vez. Antigamente, problemas práticos específicos em álgebra não eram sistematizados nem representados de uma forma que hoje reconhecemos como álgebra – embora proporcionem as origens da álgebra como foi depois formulado.

O método para resolver equações simultâneas cujo nome foi dado em homenagem a Carl Friedrich Gauss foi usado no Oriente 2000 anos antes.

Campos e Celeiros

As tábuas de argila da Babilônia no Museu Britânico incluem uma série de problemas que hoje seriam formulados como equações quadráticas ou cúbicas. Eles se relacionam com projetos de construção e envolvem o trabalho com áreas e volumes.

Alguns problemas se relacionam com a divisão de uma área em partes com diferentes proporções. É fácil ver como um problema de área pode levar a uma equação quadrática.

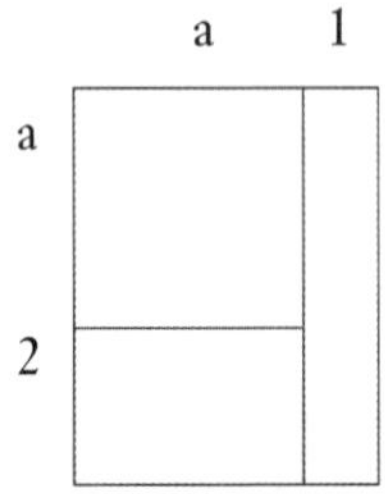

Aqui, a área do retângulo maior (aquele que envolve tudo) é:

$$(a + 2)(a + 1) = a^2 + 3a + 2$$

De forma semelhante, equações cúbicas podem ser derivadas dos problemas babilônicos relacionados com a escavação de celeiros. A primeira tentativa conhecida de se escrever e resolver equações cúbicas está na forma de 36 problemas sobre construção em uma tábua de argila de aproximadamente 4.000 anos de idade. Esses problemas eram expressos em palavras tanto pelos babilônios quanto pelos egípcios, e por matemáticos muitos séculos depois – por exemplo, "o comprimento de uma sala é o mesmo que sua largura menos 1 cúbito; sua altura é o comprimento menos um cúbito".

Os babilônios não adotaram qualquer forma de notação para expressar ou tratar de problemas desses tipos, embora eles possam ter tido métodos gerais, ou algoritmos que eles usaram para resolver problemas semelhantes. Os antigos egípcios também resolveram problemas práticos que hoje seriam expressos como equações lineares ou quadráticas, mas também sem recorrer a qualquer notação formal e sem reconhecê-las como equações.

O texto chinês *Os Nove Capítulos* (*The Nine Chapters*) (do segundo ao primeiro século a.C.) inclui um capítulo sobre como resolver equações lineares simultâneas para duas até sete incógnitas. Elas foram resolvidas usando uma tábua ou superfície de contagem e podiam incluir coeficientes negativos. A descrição de equações com coeficientes negativos é o uso conhecido mais antigo dos números negativos. O método usado é conhecido agora no Ocidente como eliminação gaussiana em homenagem a Carl Firedrich Gauss, que o utilizou 2000 anos depois.

Da Geometria para Álgebra

Nos meados do século 3 d.C., o matemático helenistico Diofanto de Alexandria desenvolveu novos métodos para resolver problemas que hoje seriam apresentados como equações lineares e quadráticas. Seu trabalho *Aritmetica* (do qual apenas uma parte sobreviveu) contém muitas equações algébricas e os métodos para resolvê-las. Diofanto aplicou seus métodos aos problemas que ele tinha à mão, mas não os estendeu às soluções gerais. Assim como os gregos antigos, ele recusava quaisquer soluções que fossem menores do que zero, e quando uma equação gerava mais de uma solução ele parava após chegar à primeira – mesmo se houvesse um número infinito de soluções (por exemplo, uma equação do tipo x - y = 3).

Ele desenvolveu um método para representar equações que era menos incômodo do que escrevê-las em palavras, mas ainda não era comparável aos métodos modernos. Como os gregos usavam as letras de seu alfabeto para os números, não havia símbolos reconhecíveis imediatamente para representar variáveis. Nós podemos usar x, y, a, b, m, n, etc. para representar variáveis e constantes porque nós temos símbolos separados para os números, e assim uma expressão do tipo 2x não é ambígua. Diofanto adotou algumas variantes das letras gregas, e usou símbolos para indicar elevação ao quadrado e ao cubo. Seu sistema de abreviação era um estágio intermediário entre a explanação puramente discursiva dos problemas e a explanação puramente simbólica em uso hoje. Ele teve também a oportunidade, não vista ou explorada antes, de lidar com potências mais altas do que o cubo. Alguns de seus problemas incluem uma notação que significa "quadrado-quadrado" ou "cubo-cubo", indicando potências de 4 e 6 respectivamente.

Além disso, Diofanto não tinha nenhum conceito de uma igualdade, ou duas expressões balanceadas entre as quais podiam ser movidas partes ou sobre as quais operações idênticas podiam ser executadas. Diofanto também não lidava com mais de uma incógnita de cada vez. Ele sempre procurava uma maneira de converter uma segunda incógnita em uma expressão ligada à primeira. Assim, por exemplo, em um problema que pede dois números cuja soma é 20 e cuja soma dos quadrados é 208, Diofanto não escreveria como

EQUAÇÕES QUADRÁTICAS HINDUS

Um antigo texto hindu, um dos Sulba Sutras escrito por Baudhayaba por volta do século 8 a.C., primeiro cita e depois resolve equações quadráticas da forma $ax^2 = c$ e $ax^2 + bx = c$. Essas equações ocorreram no contexto da construção de altares, e portanto se relacionam a problema prático em três dimensões.

nós fazemos, $x + y = 20$; $x^2 + y^2 = 208$, mas como $(x + 10)$ e $(x - 10)$, e a segunda equação seria $(x + 10)^2 + (x - 10)^2 = 208$.

Equações Diofantinas

Equações diofantinas são aquelas nas quais todos os números envolvidos, incluindo aqueles das soluções, são números inteiros (que podem ser positivos ou negativos). Elas se classificam em três categorias: aquelas sem solução, aquelas com um número fixo de soluções e aquelas com um número infinito de soluções.

Por exemplo, a equação:

$$2x + 2y = 1$$

não tem soluções, porque não há valores para x e y que sejam números inteiros e que possam resultar na resposta igual a 1 (a soma de dois números pares é sempre par).

A equação $x - y = 7$ tem um número infinito de soluções, pois podemos escolher números cada vez maiores para x e y.

A equação $4x = 8$ tem somente uma solução: $x = 2$.

As equações diofantinas são úteis para lidar com quantidades de objetos que não podem ser divididas, por exemplo, número de pessoas. Assim, se tivermos de escolher carros para levar 24 pessoas a uma viagem, alguns dos quais podem levar 4 pessoas e outros 6 pessoas, e todos devem estar lotados, escreveríamos uma equação diofantina, já que as únicas soluções que servem atribuem números inteiros de pessoas para o número total de carros:

$$4x + 6y = 24$$

(Aqui há o requisito adicional de que os valores de x e de y devem ser ambos positivos.) Problemas matemáticos do seguinte tipo usam equações diofantinas: "um garoto gastou 96 centavos com doces e comprou 4 bombons, 2 pirulitos e uma barra de chocolate. Quanto custou cada item?"

Equações Diofantinas da forma

$$ax + by = c$$

são equações lineares (um gráfico da equação seria uma linha reta).

Outra equação Diofantina,

$$x^2 + y^2 = z^2$$

relaciona-se com o Teorema de Pitágoras e produz triplets pitagóricos (por exemplo, 3, 4, 5: 9 + 16 = 25).

Embora as equações diofantinas recebam esse nome em homenagem a Diofanto,

ORDENS DE UMA EQUAÇÃO

Equações polinomiais são aquelas que contêm uma série de termos, cada um dos quais tem uma variável elevada a alguma potência, multiplicada por uma constante (número ordinário). Por exemplo, na seguinte equação:

$$x^2 + 2x - 8 = 0$$

O primeiro termo é $x^2 \times 1$, o segundo termo é $x^1 \times 2$ e por último a constante - 8 é $x^0 \times -8$.

Os matemáticos se referem às equações polinomiais como sendo de primeira ordem, segunda ordem e assim por diante, dependendo da potência mais alta que elas contenham.

Assim uma equação quadrática como aquela acima é chamada de equação de segunda ordem; uma equação incluindo um termo ao cubo (x^3) é uma equação de terceira ordem.

ele não foi o primeiro a trabalhar com elas. Os Sulba Sutras hindus tratam de várias equações diofantinas. No entanto, Diofanto se distanciou bastante dos antigos matemáticos hindus e babilônios porque seus problemas eram puramente teóricos – ele não estava interessado na construção de altares, na escavação de celeiros ou na taxação de cereais, e seus números não se relacionam com quantidades do mundo real. Ele estava apenas interessado em respostas precisas usando números inteiros. Provavelmente é devido a essa última razão que há tão poucas equações cúbicas na *Aritmetica* de Diofanto. Embora as equações de Diofanto possam não parecer extremamente dificeis, sua abordagem foi genuinamente inovadora e teve um efeito duradouro nos matemáticos. Sem dúvida, foi enquanto tentava generalizar um problema proposto por Diofanto, de dividir um quadrado em dois quadrados, que Fermat chegou em seu famoso Último Teorema (veja página 144).

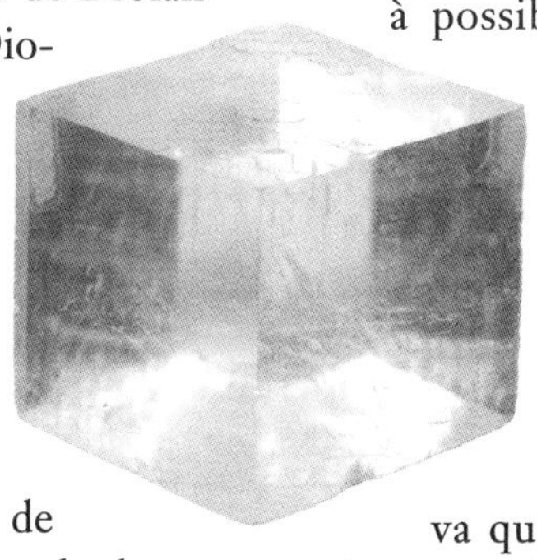

Indo além do Cubo

Embora Diofanto tivesse uma forma de notação para potências maiores do que 3, ele não as utilizou muito. Outro alexandrino, Pappus de Alexandria, abordou o problema, mas também não foi muito além. Ele foi o primeiro a afirmar claramente que problemas algébricos lineares, ou de primeira ordem se relacionam com uma única linha ou uma dimensão; problemas de segunda ordem se relacionam a duas dimensões ou áreas, portanto são planares, e problemas de terceira ordem se relacionam com três dimensões ou volumes, portanto são sólidos. Investigando as propriedades das curvas definidas por linhas em planos e volumes, ele chegou à possibilidade de equações de ordem mais alta. No entanto, ele abandonou a ideia porque "não há nada contido por mais do que três dimensões". Diofanto estava muito mais casado com a álgebra e Pappus com a geometria, o que dificultava que qualquer um deles desse o salto conceitual para a geometria algébrica, embora ambos se aproximassem do ponto de salto. Foi um dos problemas geométricos de Pappus sobre linhas e lugar geométrico que eventualmente levou Descartes a inventar a geometria algébrica no século 17.

OBSERVATIO DOMINI PETRI DE FERMAT

Cubum autem in duos cubos, aut quadratoquadratum in duos quadratoquadratos & generaliter nullam in infinitum ultra quadratum potestatem in duos eiusdem nominis faz est diudere cuius rei demonstrationem mirabilem sane detexi. Hane marginis exiguitas non caperet.

Tradução do Último Teorema de Fermat: *É impossível que um cubo seja a soma de dois cubos, uma quarta potência seja a soma de duas quartas potências, ou, em geral, para qualquer número que é uma potência maior do que a segunda potência (quadrado) ser a soma de duas outras potências iguais à primeira. Eu descobri uma demonstração realmente maravilhosa desta proposição que esta margem é muito limitada para conter.*

O SONHO DE AL-MAMUN

Conta-se que o califa al-Mamun (786-833) teve um sonho no qual Aristóteles apareceu para ele. Em consequência disso, o califa ordenou que fossem feitas traduções de todos os textos gregos que pudessem ser encontrados. Os árabes viviam em uma paz instável com o Império Bizantino e negociaram a aquisição dos textos através de uma série de tratados. Sob o califato de al-Mamun e em sua House of Wisdom (Casa da Sabedoria), foram traduzidas versões completas dos Elementos de Euclides e Almagest de Ptolomeu, entre outras obras.

Uma pintura do século 15, de Aristóteles. O reinado de Al-Mamun foi destacado por seus grandes esforços na tradução da filosofia e ciência grega.

O nascimento da álgebra

Com o desenvolvimento do sistema numérico hindu-arábico e a adoção do zero, tornou-se possível algo que se aproxima da álgebra moderna. Os matemáticos árabes, juntando o melhor da matemática dos hindus e gregos e ampliando-a, lançaram os fundamentos de um sistema algébrico próprio e até nos proporcionaram o termo "álgebra". Eles acharam a álgebra mais atraente do que os gregos tinham achado e havia também um incentivo ao seu desenvolvimento dentro de sua própria sociedade. As leis incrivelmente complexas de herança, por exemplo, tornaram o cálculo de proporções e frações uma necessidade tediosa. No topo disso tudo, a constante necessidade de encontrar a direção de Meca tornou a álgebra, assim como a geometria, uma ferramenta que devia ser desenvolvida.

AL JABR WA-L-MUQABALA

A palavra "álgebra" é derivada do título de um tratado escrito pelo matemático persa e membro da House of Wisdom, Muhammad ibn Musa al-Khwarismi, chamado *Al-Kitab al-Jabr wa'l-Muqabala* ("The Compendious Book on Calculation by Completion and Balancing"). Esse tratado apresentava métodos sistemáticos para resolver equações lineares e quadráticas. A palavra moderna "algorismo" também veio do nome "al-Khwarizmi". Nesse livro ele apresenta métodos para resolver equações dos tipos $ax^2 = bx$, $ax^2 = c$, $bx = c$, $ax^2 + bx = c$, $ax^2 + c = bx$, e $bx + c = ax^2$ (na notação moderna). Assim como Diofanto, ele considerava apenas números inteiros nas equações e suas soluções; ele tinha o requisito adicional de que os números também devem ser positivos, enquanto que Diofanto permitia números negativos.

Omar Khayyam foi também responsavel pela reforma do calendário Persa: seu calendário Jalali é a base do que ainda está em uso hoje no Irã e Afeganistão.

Al-Khwarizmi escreveu todos os problemas e soluções em palavras e não tinha notação simbólica. Ironicamente, seu trabalho leva o crédito por ter introduzido os numerais hindu-arábicos na Europa, mas ele mesmo escreveu os números por extenso.

Após mostrar como lidar com equações, al-Khwarizmi passou a usar o trabalho de Euclides para proporcionar demonstrações usando geometria. As proposições de Euclides eram inteiramente geométricas, e al-Khwarizmi foi o primeiro a aplicá-las às equações quadráticas.

GHIYAS AD-DIN ABU AL-FATAH OMAR IBN IBRAHIM KHAYYAM NISHABURI (1048-1131)

Omar Khayyam foi um matemático, astrônomo e poeta nascido no Irã, provavelmente em uma família de fabricantes de tendas. Ele viveu a maior parte de sua vida em uma modesta pensão cedida por um amigo que se tornou o grão vizir do império Seljukid. Seu Tratado sobre Demonstração de Problemas de Álgebra (1070) definiu os princípios básicos da álgebra e foi responsável pela transmissão do trabalho árabe sobre álgebra para a Europa. Ele trabalhou em um conjunto triangular de números conhecido como triângulo de Pascal e às vezes, é considerado como o fundador da geometria algébrica, que usa geometria para encontrar soluções para equações algébricas.

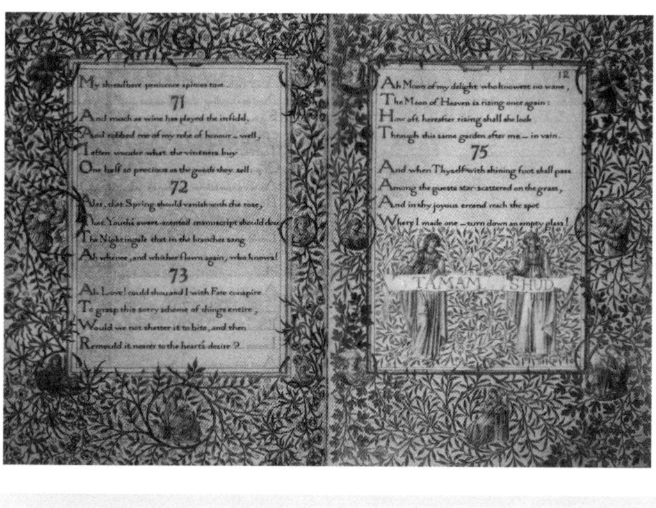

My threadbare penitence apieces tore.

71

And much as wine has played the infidel,
And robbed me of my robe of honour – well,
I often wonder what the vintners buy
One half so precious as the goods they sell.

72

Alas, that Spring should vanish with the rose,
That Youth's sweet-scented manuscript should clos
The Nightingale that in the branches sang
Ah whence, and whither flown again, who knows!

73

Ah Love! could thou and I with Fate conspire
To grasp this sorry scheme of things entire,
Would we not shatter it to bits, and then
Remould it nearer to the heart's desire?

12

Ah Moon of my delight who knowest no wane,
The Moon of Heaven is rising once again:
How oft hereafter rising shall she look
Through this same garden after me – in vain.

75

And when Thyself with shining foot shall pass
Among the guests star-scattered on the grass,
And in thy joyous errand reach the spot
Where I made one – turn down an empty glass!

TAMAM SHUD

Uma tradução para o inglês do século 19 da coleção de poemas de quatro linhas de Omar Khayyam, o Rubayat. Muitos estudantes Persas eram também poetas.

$$(a+b)^n = a^n + \frac{na^{n-1}b}{1} + \frac{n(n-1)a^{n-2}b^2}{1\ 2} + \frac{n(n-1)(n-2)a^{n-3}b^3}{1\ 2\ 3} + \frac{n(n-1)(n-2)(n-3)a^{n-4}b^4}{1\ 2\ 3\ 4} + \ldots + \frac{nab^{n-1}}{1} + b^n$$

A equação mostra como encontrar os coeficientes e variáveis para qualquer expressão binomial expandida da forma $(a + b)^n$.

O método que ele desenvolveu, de sistematizar os casos e então aplicar uma solução geométrica, foi adotado pelos matemáticos árabes que vieram depois e aperfeiçoado por Omar Khayyam (veja abaixo). O trabalho de Al-Khwarizmi significa para a álgebra o que os Elementos de Euclides significa para a geometria, e continua sendo o melhor e mais claro tratamento elementar até os tempos modernos.

Omar Khayyam seguiu um procedimento similar ao de al-Khwarizmi, usando trabalho geométrico grego sobre seções cônicas para demonstrar suas soluções para as equações cúbicas (terceira ordem). Omar Khayyam produziu soluções gerais para equações cúbicas onde os matemáticos hindus tinham trabalhado somente com casos específicos. Na China do século 13, Zhu Shijie desenvolveu soluções para equações cúbicas sem referência ao trabalho de Omar Khayyam.

Formas, Números e Equações

No triângulo de Pascal, cada número é a soma dos dois números acima dele. O padrão forma a série de coeficientes binomiais. No Irã, é chamado de triângulo de Khayyam e na China é o triângulo de Yang Hui em homenagem ao matemático chinês Yang Hui (1238-98) que também trabalhou com ele.

1
1 1
1 2 1
1 3 3 1
1 4 6 4 1

Antes de Omar Khayyam escrever sobre o triângulo de Pascal, ele já tinha sido estudado na Índia por Pingala (século 5 - 3 a.C.), embora somente fragmentos de seu trabalho sobreviveram em um comentário posterior. Outro matemático árabe, Abu Bakr ibn Muhammad ibn al Husayn al-Karaji (c.953-1029), também trabalhou nele e tem o crédito de ter sido o primeiro a derivar o teorema binomial (veja acima).

O matemático hindu Bhattotpala (c. 1068) escreveu o triângulo até a linha 16.

O triângulo proporciona uma maneira rápida de expandir expressões como $(x + y)^3$, pois é necessário apenas tomar os coeficientes (neste caso) da linha 3 (porque é uma equação de terceira ordem), dando o resultado:

$$1x^3 + 3x^2y + 3xy^2 + 1y^3$$

Afastando-se das Áreas

Embora a geometria tenha proporcionado bons métodos de provar soluções algébricas, foi na medida em que a álgebra se afastou das restrições da geometria do mundo real que se tornou possível a ideia de uma equação abstrata, relacionada a números e não a medidas ou quantidades. Os matemá-

> *"Quem achar que a álgebra é um truque para obter os valores de incógnitas está pensando em vão. Não se deve prender a atenção ao fato de que a álgebra e a geometria são diferentes na aparência. Álgebra são fatos geométricos que são provados."*
> Omar Khayyam

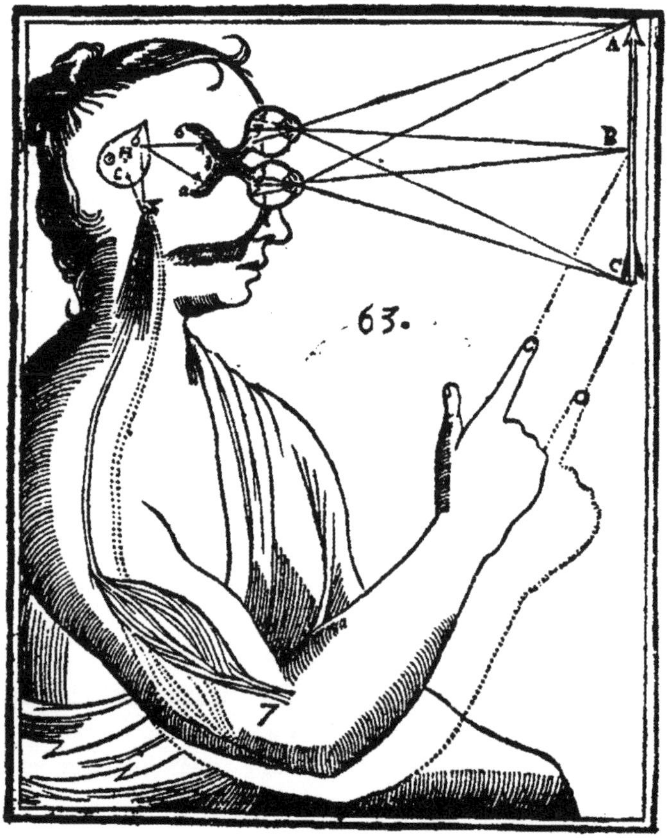

Uma ilustração da obra O Mundo de Descartes, na qual ele define as teorias da luz, os sentidos, biologia e muitos outros tópicos.

ticos árabes queriam tratar números mensuráveis e imensuráveis da mesma maneira, e queriam misturar magnitudes em diferentes dimensões, ambas as coisas que os gregos também queriam fazer.

Combinado com o sistema de números hindu-arábico e a aceitação do zero, isso permitiu que a álgebra avançasse e se distanciasse de suas raízes na geometria prática. Quando Omar Khayyam e al-Khwarizmi recorreram à geometria para demonstrar seus resultados algébricos, eles não estavam imaginando seus problemas algébricos em termos de comprimentos, áreas e volumes, mas estavam usando a geometria teórica como uma ferramenta para representar problemas algébricos.

Essa relação entre as duas coisas, desenvolvida durante os próximos 500 anos, resultou eventualmente na geometria analítica de Descartes e Fermat.

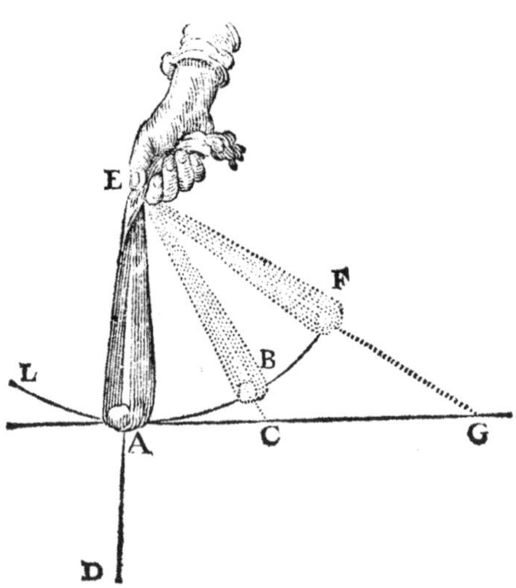

Uma ilustração mostrando o movimento de objetos, dos Princípios de Filosofia de Descartes

Escrevendo equações

Omar Khayyam morreu em 1131 e a matemática árabe já estava em declínio. Os estudantes do mundo árabe ainda fizeram mais algumas contribuições neste campo. Felizmente, ao mesmo tempo em que grupos políticos e religiosos estavam fraturando o mundo cultural Árabe, o espírito intelectual estava reativando na Europa. Durante o século 12, Geraldo de Cremona traduziu 87 trabalhos de intelectuais gregos e árabes para o latim, trabalhando em Toledo. Esses trabalhos incluíam o *Almagest*, de Ptolomeu, os *Elementos*, de Euclides e a Álgebra, de al-Khwarizmi. Na Inglaterra, Robert de Chester traduziu al-Khwarizmi em 1145 e Adelard of Bath traduziu os *Elementos* de Euclides em 1142. Após passar séculos recuperando e consolidando aprendizados anteriores, os matemáticos europeus começaram a fazer sua própria contribuição ao desenvolvimento da álgebra. A Alemanha foi o foco desses novos desenvolvimentos no século 16. Talvez o mais importante dos novos trabalhos alemães sobre álgebra tenha sido *Arithmetica Integra*, de Michael Stifel (c.1487-1567). Ele permitia o uso de coeficientes negativos em equações quadráticas e como consequência reduziu os vários tipos de equações quadráticas a uma única forma. Ele usou potências negativas para representar os inversos, também, dando

$$2^{-1} = 1/2^1 = 1/2, \quad 2^{-2} = 1/2^2 = 1/4$$

e assim por diante. Apesar disso, ele não aceitava raízes negativas nas equações e referia-se aos números negativos como *números absurdos*. Ele também não acreditava nos números irracionais, que ele dizia estarem "ocultos sob algum tipo de nuvem de infinitude". Ele propôs usar uma única letra para designar uma quantidade desconhecida, repetindo a letra para potências do número – assim se c for a incógnita, cc é c^2 e ccc é c^3.

Chegando a uma Notação para Equações

A álgebra sem os símbolos que usamos nos dias de hoje era desajeitada e complicada. Apesar disso, a notação moderna é recente. Na Itália, os símbolos p̃ e m̃ vieram a ser usados para mais e menos como abreviações para as palavras *più* (mais) e *meno* (menos). Mas o latim estava cheio de abreviações para palavras e grupos de letras que são escritas repetidamente, e isso não era particularmente original. A introdução de operadores aritméticos – símbolos mostrando o tipo de computação a ser executada – só aconteceu depois do século 15.

Os primeiros símbolos a serem usados eram + e -, embora originalmente eles serviam para mostrar quantidades existentes ou faltando em um armazém. Logo eles assumiram seu papel moderno como operadores aritméticos. Eles foram impressos pela primeira vez em um livro de Johan Widmann (nascido c.1460), um dos vários matemáticos alemães que publicaram trabalhos sobre álgebra no fim do século 15 e inicio do século 16.

Mesmo após o desenvolvimento dos símbolos, muitos matemáticos continuaram a seguir o modelo retórico, escrevendo os problemas que eles estavam propondo e resolvendo na forma de texto discursivo com pouco ou nenhum uso das abreviações simbólicas (*syncopation*). Embora os matemáticos ocidentais não tivessem uma álgebra simbólica e consistente até o século 17, a parte ocidental do mundo islâmico usava notação simbólica nos comentários do século 14 destinados ao ensino.

ROBERT RECORDE (1510-58)

Robert Recorde nasceu no país de Gales e ensinou matemática nas universidades de Oxford e Cambridge. Ele foi treinado em medicina e era o médico particular de Eduardo VI e depois de Maria I. Ele era também Controlador da Casa da Moeda Real.

Recorde reformulou a matemática na Inglaterra, quando o país não tinha um matemático notável por 200 anos. Ele explicou tudo com cuidadoso detalhe, em passos que eram fáceis de seguir e em inglês, porque ele queria que a matemática fosse o mais acessível possível. A maioria de seus trabalhos foi escrita na forma de diálogos entre um mestre e um estudante. Em 1551 ele publicou uma versão ampliada dos Elementos de Euclides, tornando o texto disponível em inglês pela primeira vez. Ele usou pela primeira vez o sinal de igual, embora usando linhas mais longas do que usamos hoje. Foram necessários 100 anos para que o símbolo fosse aceito universalmente em lugar das notações alternativas.

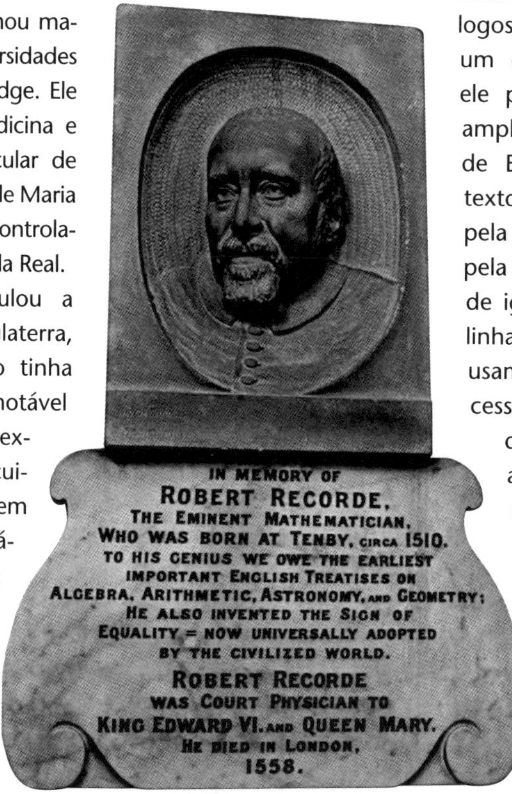

Em 1558 Recorde foi preso por não pagar £1.000 de multa por calúnia. Ele morreu na prisão no mesmo ano.

SÍMBOLO	DATA	ORIGEM
+ (mais) - (menos)	1489	Johan Widmann, Alemanha, Rechnung au allen Kauffmanschalten.
√(raiz quadrada)	1525	Christoff Rudolff, Alemanha, Die Coss.
= (igual)	1557	Robert Recorde, Inglaterra, The Whetstone of Witte.
x (multiplicação)	1618	William Oughtred, Inglaterra, em um apêndice para a tradução de Descriptio de John Napier, feita por Edward Wright.
a, b, c para valores conhecidos (constantes) x, y, z para valores desconhecidos (variáveis)	1637	René Descartes, França, Discours de la méthode pour bien conduire sa raison et chercher la vérité dans les sciences. (Discurso do método para conduzir bem sua razão bem sua razão e procurar a verdade nas ciências)
÷ (dividir)	1659	Johann Rahn (ou Rhonius), Alemanha, Teutsche Algebra.

> *"Vou fazer como geralmente faço no meu trabalho, um par de paralelas, ou linhas Gemowe de certo comprimento, assim: ==, porque não há duas coisas que podem ser mais iguais."*
>
> Robert Recorde

O INÍCIO DA MATEMÁTICA MODERNA?

Apesar de toda a importância da Arithmetica Integra de Stifel, ela foi ultrapassada em um ano. Em 1545 apareceu um trabalho que era tão revolucionário em seu conceito central que algumas pessoas o consideram como o marco do início do período moderno na matemática. Em *Ars Magna*, Gerolamo Cardano (veja a seguir) explicou como resolver equações cúbicas (de terceira ordem) e até equações quadráticas (de quarta ordem). No entanto, não foi um triunfo fácil de gênios individuais. A solução para as equações cúbicas provavelmente foi descoberta por Acipione del Ferro (c.1465-1526), um professor de matemática na Universidade de Bolonha. Ao morrer, ele passou as informações para um estudante, Antonio Maria Fior. Niccolo Tartaglia (c1500-57) descobriu independentemente a solução e a revelou a Cardano com a condição de que ele não a revelasse. Quando Cardano descobriu que a solução não era original de Tartaglia, ele a publicou. Ele admitiu que teve informações de Tartaglia e também reconheceu que a solução para a equação quadrática tinha sido descoberta por seu secretário, Ferrari (1522-65). Tartaglia, como se pode imaginar, não gostou disso e os dois brigaram por dez anos. Tartaglia tinha esperança de reter a revelação da solução cúbica para publicá-la como coroamento de sua carreira (Tartaglia tinha publicado anteriormente as descobertas de outros sem o reconhecimento de seu próprio débito, o que pode reduzir um pouco nossa simpatia por ele).

Cardano tinha a mente um pouco mais aberta com relação a raízes de números negativos do que muitos de seus predecessores. Embora ele tivesse considerado a possibilidade de uma raiz negativa, ele a renegou como sendo "tão sutil quanto inútil".

O livro de Cardano representava o maior avanço em álgebra desde que os babilônios descobriram como resolver equações quadráticas completando o quadrado. Embora não tivesse utilidade prática – sem dúvida, a solução das equações cúbicas por aproximação sucessiva de Jamshid al-Kashi (1380-1429) era mais útil do que o método de Cardano – ele estimulou maior desenvolvimento da álgebra e levou o assunto além dos limites do mundo físico. Se equações quadráticas podiam ser resolvidas, então porque não as equações de quinta ordem, sexta ordem e até ordem mais alta? De repente, os problemas algébricos não precisavam mais

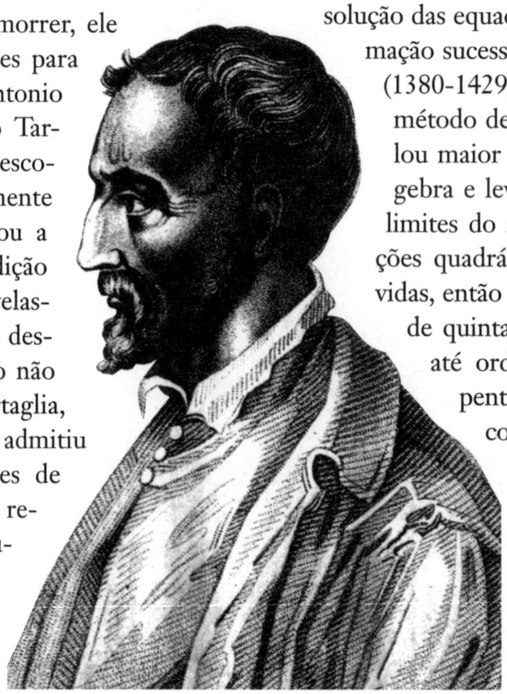

Parece provável que Gerolamo Cardano tenha se beneficiado do trabalho e ideias de outros matemáticos em sua obra-prima, o livro Ars Magna (1545).

GEROLAMO CARDANO (1501-76)

Nascido em Pavia, Itália, Gerolamo Cardano era filho ilegítimo de Fazio Cardano, um amigo de Leonardo Da Vinci. Sua mãe tentou abortá-lo e seus três irmãos morreram pela praga. Após algumas dificuldades para ser aceito, ele foi treinado para médico e foi o primeiro a descobrir a febre tifoide. Ele se tornou professor de medicina em Pavia, em 1543, e em Bolonha, em 1562.

Além de ser médico, Cardano foi um dos mais avançados matemáticos de seu tempo. Sua publicação das soluções para as equações cúbicas e quadráticas em Ars Magna garantiu seu lugar na história, mas ele publicou também o primeiro trabalho sistemático sobre probabilidade 100 anos antes de Pascal e Fermat.

A vida privada de Cardano era bem colorida, e certamente influiu em seu interesse em probabilidades. Ele estava sempre sem dinheiro e completava sua renda jogando cartas e xadrez. Seu tratamento da probabilidade, que ele aplicou aos jogos, inclui uma seção sobre como trapacear de forma eficaz.

A vida não era fácil para Cardano. Seu filho favorito foi executado em 1560 por

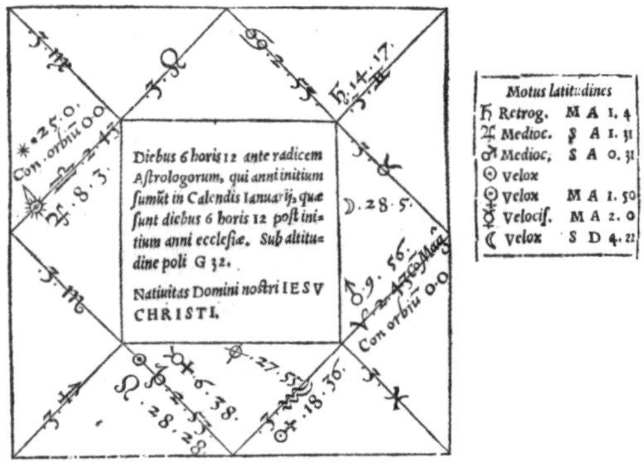

Horóscopo de Cardano de Jesus Cristou que o levou a ter muitos problemas. Um cometa no ascendente de Libra pode ser visto como uma interpretação da estrela de Belém, enquanto a estrelha Castor em Gêmeos predisse violência na vida de Cristo.

ter envenenado a esposa. Em 1570, Cardano foi acusado de heresia e ficou preso por vários meses por calcular o horóscopo de Jesus Cristo. Como consequência, ele perdeu sua cadeira de professor em Bolonha e o direito de publicar livros. Ele morreu no dia em que havia previsto, mas ele pode ter ajudado a profecia a se cumprir cometendo suicídio.

se relacionar com problemas do mundo real nas dimensões que reconhecemos. Outras dimensões, para o bem da matemática, podiam ser postuladas, pelo menos em teoria.

Embora outras dimensões fossem claramente absurdas para os contemporâneos de Cardano, de interesse apenas na arena da exploração matemática fantástica, elas teriam seu lugar alguns séculos mais tarde. Abrindo a possibilidade da álgebra e da geometria analítica estenderem-se em mais do que três dimensões, Cardano lançou os fundamentos para as geometrias Riemann e o contínuo espaço-tempo de quatro dimensões com o qual Einstein remodelaria o universo (veja páginas 119-123).

Chega então a Álgebra

A era de ouro da álgebra Europeia, que começou com a publicação de Cardano da solução das equações cúbicas e quadráticas, abrangeu a legitimação dos números negativos e complexos, o desenvolvimento do sistema cartesiano de coordenadas, o casamento da álgebra com a geometria resultando na geometria analítica, bem como consideráveis avanços rumo ao desenvolvimento do cálculo integral.

Os matemáticos britânicos surgiram novamente após uma longa ausência do cenário, mas não substituíram os matemáticos italianos, alemães e poloneses. Alguns desses homens estavam agora escrevendo em suas próprias línguas, e não mais em latim.

Rumo aos Números Complexos

Logo após aparecerem as soluções das equações cúbicas e quadráticas Cardano-Tartaglia, o matemático italiano Rafael Bombelli (c.1526-72) tornou-se o primeiro a calcular usando números complexos (números complexos são aqueles que envolvem a raiz quadrada de -1, i).

Trabalhando com raízes cúbicas, ele desenvolveu equações que usavam raízes imaginárias como palco na derivação de soluções finais que são números reais. Ele as descreveu como "pensamento selvagem" e elas não ajudaram de fato em seus cálculos, mas sinalizaram para a importância que os números complexos teriam para a álgebra no futuro.

Lidando com Números e Notações

Apesar de todos os seus avanços, os algebristas e trigonometristas do século 16 ainda não tinham usado amplamente a notação para as frações decimais. Quando Rheticus iniciou suas mais ambiciosas tabelas trigonométricas, ele usou triângulos com lados de comprimento 10^{15} unidades para se manter dentro do grau de precisão que ele queria sem ter de usar frações de qualquer tipo (não importa quais eram as unidades, já que ele não construiu realmente os triângulos, apenas os sugeriu).

François Viète (veja quadro a seguir) era um matemático apenas em tempo parcial, mas fez progressos em vários campos – aritmética, trigonometria, geometria e, o mais importante, álgebra. Ele foi muito importante, trazendo mudanças na notação que tornou possível mais progresso e promoveu o uso das frações decimais em lugar das frações sexagesimais. A contribuição mais importante de Viète foi ao trazer uma notação consistente à álgebra. Isso permitiu a ele desenvolver uma maneira sistemática de pensamento e novo método de trabalhar com formas gerais de equações. Ele adotou vogais para representar quantidades desconhecidas e consoantes para representar quantidades conhecidas. Ele também mostrou como mudar a forma das equações multiplicando ou dividindo cada lado pelo mesmo valor. Por exemplo, ele mostrou como transformar a seguinte equação:

$$x^3 + ax^2 = b^2x \text{ em } x^2 + ax = b^2$$

Viéte ainda não reconhecia termos negativos ou zero, assim ele não pôde reduzir o número de possíveis equações a uma única forma em cada ordem (nós temos a forma $ax^2 + bx + c = 0$ como a forma padrão que pode descrever qualquer equação quadrática porque permitindo que a, b ou c sejam negativo ou zero, abrangemos possibilidades como $x^2 - 7 = 0$, onde b é 0 e c é negativo).

Nunca é demais destacar a importância de uma notação boa e consistente para o progresso da álgebra. E esta não foi a única conquista de Viète. Ele descobriu a fórmula para múltiplos ângulos, foi a primeira pessoa a usar a lei das tangentes (embora não tenha publicado) e o primeiro a ver que a trigonometria podia ser usada para resolver equações cúbicas que não podiam ser reduzidas. Ele também produziu a primeira expressão numérica precisa para π:

FRANÇOIS VIÈTE (1540-1603)

François Viète era um matemático francês e simpatizante dos huguenotes. Treinado em leis, ele se tornou um membro do parlamento bretão e depois do Conselho do Rei servindo a Henrique III e Henrique IV. Ele foi hábil ao decifrar mensagens secretas interceptadas pelos franceses. Sem dúvida, ele foi tão bem-sucedido que os espanhóis o acusaram de ter pacto com o demônio, reclamando ao Papa que a França estava usando magia negra para ajudá-los a ganhar a guerra.

Viète fez grandes progressos em vários campos da matemática, mas sempre trabalhando em seu tempo de folga. Sendo rico, ele imprimiu vários de seus trabalhos às suas próprias custas. Por um período de aproximadamente 6 anos, por volta de 1580, ele deixou a corte e se concentrou quase exclusivamente na matemática. No século 12, al-Tusi tinha encontrado o mesmo método de aproximar raízes de equações como aquelas descobertas por Viète.

$$\frac{2}{\pi}\sqrt{\frac{1}{2}} \times \sqrt{\frac{1}{2}+\frac{1}{2}\sqrt{\frac{1}{2}}} + \sqrt{\frac{1}{2}+\frac{1}{2}\sqrt{\frac{1}{2}}+\frac{1}{2}\sqrt{\frac{1}{2}}}\cdots$$

Embora o método não seja novo, foi a primeira vez que uma série infinita foi expressa analiticamente. A álgebra e a trigonometria estavam tendendo cada vez mais para uma abordagem com o infinito – tanto infinitamente grande quanto infinitamente pequeno.

O progresso acelerou com o esforço de talentosos matemáticos que se aplicaram ao desenvolvimento da álgebra em suas novas direções. O matemático francês, Albert Girard, reconheceu que o número de raízes que uma equação tem depende da ordem da equação – assim uma equação de segunda ordem tem duas raízes, uma equação de terceira ordem tem três raízes, e assim por diante. A descoberta ocorreu porque ele tinha mente suficientemente aberta para aceitar os números negativos e números imaginários em suas raízes. O inglês Thomas Harriot (1560-1621) introduziu os símbolos > e < para maior e menor que. Ele também foi o primeiro matemático a pisar em solo americano tendo sido enviado em 1585 por Sir Walter Raleigh como agrimensor. Mais influente do que Viète para promover a adoção das frações decimais foi o matemático flamengo Simon Stevin (1548-1620). Ele também apressou a adoção do sistema decimal de pesos e medidas, embora isso não viesse a acontecer por mais 200 anos. Stevin adotou uma notação para potências que é similar àquela que usamos hoje, usando um número em um círculo colocado acima da linha para indicar a potência – assim $5^{②}$ representa 5^2. Ele até usou potências fracionárias para indicar raízes, assim $5^{1/2}$ significa $\sqrt{5}$. Mas Stevin era primariamente um matemático prático e recusou qualquer consideração pelos números complexos.

A confiança com que os melhores matemáticos agora abordavam a álgebra – e a distância que eles tiveram que percorrer desde suas raízes nos problemas geométricos do mundo real chegando até as três dimensões – está clara no desafio público lançado em 1593 pelo matemático Belga Adriaen van Roomen (1561-1615) para resolver uma equação de 45ª ordem:

$$x^{45} - 45x^{43} + 945x^{41} - \ldots - 3795x^3 + 45x = K$$

Não era necessário nenhum conceito de 45 dimensões. Viète aceitou o desafio e resolveu a equação quando um embaixador da corte de Henrique IV disse que não havia nenhum francês capaz dessa façanha.

A Abordagem da Geometria Algébrica

A solução de Viète relacionava-se com os senos e ele usou suas fórmulas de múltiplos ângulos para derivá-la. Ao proporcionar um sistema simbólico consistente para representar as equações algébricas, ele também transformou isso em um tipo de escolha onde se podia optar por resolver um problema por métodos geométricos ou algébricos. Fazendo a trigonometria se juntar com a álgebra, ele estava ampliando o escopo do assunto e promovendo sua aliança com a geometria. Viéte foi de fato uma das pri-

L'ALGEBRA
OPERA
Di RAFAEL BOMBELLI da Bologna
Diuisa in tre Libri.
Con la quale ciascuno da se potrà venire in perfetta cognitione della teorica dell'Arimetica.
Con vna Tauola copiosa delle materie, che in essa si contengono.
Posta hora in luce à beneficio delli Studiosi di detta professione.
IN BOLOGNA,
Per Giouanni Rossi. MDLXXIX.
Con licenza de' Superiori.

"Há coisas legítimas o bastante para trabalharmos sem nos ocupar com coisas incertas."

Simon Stevin, 1585

meiras pessoas a encarar a matemática como um todo unificado, e não diferentes ramos a serem considerados separadamente.

Em 1572, a Álgebra de Bombelli havia apresentado muitos problemas geométricos que ele resolveu algebricamente. Por exemplo, ele forneceu soluções algébricas para equações cúbicas e então apresentou demonstrações geométricas de suas soluções (no entanto, essa parte de seu tratado não foi incluída na edição impressa e não apareceu até 1929). Setenta e cinco anos depois, Descartes tomaria os problemas geométricos e os converteria a uma forma algébrica para simplificá-los tanto quanto possível, depois retornaria para a geometria para uma solução final. Em sua geometria analítica, ele completou uma jornada iniciada por Apolônio quando mostrou que seções cônicas podiam representar equações quadráticas.

Gigantes do Século 17

A partir da primeira metade do século 17 havia mais comunicação entre os matemáticos do que houve em qualquer época desde a Academia de Platão. Em muitos países, sociedades matemáticas prosperaram juntamente com outras sociedades letradas que estavam aparecendo. Na Inglaterra, a sociedade matemática tinha o

A página de título de uma edição da Álgebra de Bombelli de 1579. Os primeiros três volumes de uma obra que deveria ter cinco foram publicados em 1572. Bombelli morreu naquele ano sem poder terminar os dois últimos volumes.

nome atrativo de "Colégio Invisível". Na França, a comunicação foi ainda mais facilitada pelo Padre Marin Mersenne, que se correspondia com centenas de matemáticos, cientistas e outras pessoas cultas, agindo como um canalizador de conhecimento e uma espécie de networking guru. Isto significa que havia menos evidências de matemáticos desenvolvendo trabalhos individualmente que depois eram perdidos e não tinham impacto sobre os outros. Mersenne tentava resolver os conflitos da melhor maneira, mas pelo menos ninguém tinha dúvidas sobre o que qualquer outro estava fazendo. Por um processo de crescimento estável, foram lançados os fundamentos da matemática moderna. Dois homens, ambos franceses, iriam desempenhar um papel de destaque neste processo.

Nenhuma dessas duas figuras importantes da época era matemático profissional. René Descartes (veja página 142) era um pequeno descendente da nobreza francesa que era mais famoso como filósofo do que como matemático. A explanação de seu sistema de geometria analítica está em um apêndice de seu texto filosófico, *Discourse on Method*, como uma demonstração de como ele usou a razão para chegar aos seus resultados. Pierre de Fermat (veja página 143) era um advogado e depois um conselheiro que exercitava seu interesse pela matemática no seu tempo livre. Sua habilidade era comparável à de Descartes.

Marin Mersenne, que considerava que era sua função cristã espalhar o conhecimento científico.

Casando a Álgebra com a Geometria

Descartes achava que nem a geometria nem a álgebra eram inteiramente satisfatórias, e procurava tirar o melhor de ambas. Vendo os valores em suas equações como segmentos de linha, Descartes evitava quaisquer dificuldades conceituais ao trabalhar com equações de ordem superior e tratar com equações que não tinham expressões da mesma ordem em cada lado. Por exemplo, os gregos não podiam aceitar uma equação do tipo $x^2 + bx = a$ porque as duas partes do lado esquerdo são consideradas como áreas e aquela no lado direito é considerada uma linha; uma área e uma linha não podem ser consideras iguais.

Descartes refinou a notação de Viète usando letras do início do alfabeto para valores conhecidos (a, b, c) e letras do fim do alfabeto para incógnitas (x, y, z). Ele usou números em posição mais elevada (sobrescrito) para indicar potências e usou símbolos para os operadores aritméticos que ainda utilizamos. Somente seu símbolo para a igualdade era diferente porque ele não adotava o par de linhas paralelas de Robert Recorde.

Descartes propôs que a posição de um ponto em um plano podia ser identificada pela referência a dois eixos que se interceptam, usados como guias de medidas, desenvolvendo assim o sistema de coordenadas que agora é conhecido como sistema cartesiano. Por toda a sua familiaridade da no-

RENÉ DESCARTES (1596-1650)

René Descartes nasceu em Tourraine, França. Sua mãe morreu quando ele tinha apenas um ano de idade. Seu pai casou-se novamente e mudou-se, deixando o pequeno Descartes sob os cuidados de parentes. Ele foi instruído em leis, graduando-se em 1616, e em seguida passou a viajar. Foi enquanto ele estava na Boêmia em 1619 que ele desenvolveu a geometria analítica.

Descartes compartilhava de algumas ideias e práticas do grupo místico dos Rosacruzes. Assim como os outros seguidores fiéis, ele viajava bastante, vivendo sempre solitário, e praticava a medicina sem cobrar nada, mas ele rejeitava suas crenças místicas. Ele promovia a tolerância religiosa e defendia o uso da razão em seus escritos filosóficos e científicos.

Descartes tem sido chamado de pai da moderna filosofia por sua argumentação, proposta em seu Discourse on Method (Discurso sobre o Método), de que o conhecimento deve ser adquirido através do raciocínio. Ele afirmava que as percepções sensoriais não são um guia confiável para o mundo ao nosso redor e não podemos depender delas para obter informações corretas. Sua famosa frase, "Penso, logo existo", faz parte de sua demonstração de algumas coisas nas quais ele acreditava – a existência da mente pensante, de Deus e do mundo material. A dicotomia entre mente e corpo era outra de suas preocupações. Sua crença no livre arbítrio era sumamente importante; ele adotou a visão anticalvinista de que a salvação pode ser obtida através do uso do livre-arbítrio, e não depende somente da graça de Deus.

Descartes estava sempre doente e quando a Rainha Cristina da Suécia o convidou para sua corte para ensinar filosofia a ela, o que exigia que ele levantasse às 5h da manhã todos os dias, ele rapidamente sucumbiu ao inverno escandinavo e morreu.

Uma gravura da Rainha Cristina da Suécia cujas demandas excessivas por instrução pelo grande filósofo precipitaram a morte de Descartes.

PIERRE DE FERMAT (1601-65)

Nascido na região basca, Fermat estudou direito e depois matemática. Ele desenvolveu, independentemente de Descartes, os princípios para usar um sistema de coordenadas para definir as posições de pontos.

Fermat trabalhou extensivamente com curvas, desenvolvendo um método para medir a área sob uma curva que é similar ao cálculo integral, e para definições generalizadas de parábolas comuns. Ele trabalhou extensivamente com a teoria dos números e correspondia-se com Blaise Pascal sobre esse assunto. Esse foi seu único contato com outros matemáticos. Ele era calado e recluso e geralmente se comunicava somente com Marin Mersenne (veja página 141).

Fermat foi o matemático mais produtivo de sua época, mas era tão relutante em publicar que obteve pouco crédito por seu trabalho durante sua vida.

Uma gravura de Pierre de Fermat tirada da obra de Louis Figuier Vies des Savants Illustres ("Vidas dos Grandes Cientistas"), de 1870.

tação algébrica, as representações gráficas de Descartes das equações não se parecem todas com as nossas, porque ele nunca usou valores negativos para x em seus gráficos. A forma familiar de um gráfico dividido em quadrantes por eixos que se cruzam em (0,0) foi introduzida mais tarde por Newton. Além disso, seus eixos não eram sempre definidos em ângulos retos um com o outro. Descartes acreditava que qualquer expressão polinomial em x e y poderia ser expressa como uma curva e estudada usando geometria analítica.

Ao mesmo tempo que Descartes estava formulando sua geometria analítica, outro francês, Pierre de Fermat, estava fazendo quase a mesma coisa. Ambos chegaram a resultados semelhantes, de forma independente. Fermat insistia que qualquer relação entre x e y definia uma curva. Ele reformulou o trabalho de Apolônio em termos algébricos, desejando restaurar parte do trabalho perdido de Apolônio. Tanto Descartes quanto Fermat propuseram o uso de um terceiro eixo para modelar curvas em três dimensões, mas isso não avançou até o século 17.

Nem Descartes nem Fermat pensaram em publicar seus trabalhos amplamente. Descartes publicou os seus em francês, de forma que mais pessoas pudessem entendê-los, mas ele não os explicou com muitos detalhes e

O matemático inglês, Andrew Wiles, que provou o Último Teorema de Fermat, é um professor na Universidade de Princeton. Ele recebeu um titulo de nobreza em 2000.

grande parte do trabalho era impenetrável a muitos dos leitores. Não está completamente claro se Descartes queria excluir pessoas que ele considerava não suficientemente sérias ou se ele queria proporcionar aos seus leitores o prazer da descoberta fazendo alguns saltos intelectuais e deixando que eles próprios fizessem as descobertas, mas de qualquer forma, isso pouco ajudou na disseminação de suas ideias. Logo depois, foi acrescentada uma introdução anônima ao seu trabalho para ajudar a explicá-lo. Em 1649, Frans van Shooten publicou uma edição em latim com um comentário explicativo.

Fermat foi um pouco melhor do que Descartes na promoção de seu trabalho, mesmo sendo um recluso assumido que recusava publicar. A disseminação de suas ideias durante toda a sua vida foi quase exclusivamente através da mediação de Marin Mersenne. Sem dúvida, Fermat publicou apenas uma de suas descobertas, uma retificação meio obscura da parábola semicúbica (um método para descobrir o comprimento de uma linha curva).

Último Teorema de Fermat

Fermat é mais famoso agora pelo seu teorema chamado de "último" ou "grande" teorema. Ele escreveu na margem de sua cópia da *Arithmetica* de Diofanto que não há soluções para a equação

$$x^n + y^n = z^n$$

para valores maiores do que 2. Ele acrescentou, "Eu descobri uma prova realmente maravilhosa para isso, no entanto a margem não tem espaço suficiente para escrever" – e assim a prova foi perdida e a pesquisa subsequente para encontrá-la ocupou os matemáticos por mais de 300 anos. Por causa do problema ser tão fácil de entender, muitas pessoas tentaram resolvê-lo, até que ele foi finalmente explicado pelo matemático inglês Andrew Wiles em 1995. Wiles provou o teorema de Fermat com um método que usa curvas elípticas. Ele tentou resolver o problema quando era criança, logo que ouviu falar dele, e continuou tentando através de todo o seu curso de graduação em matemática. Muito tempo depois de haver desistido, ele percebeu que o teorema estava relacionado com seu trabalho sobre curvas e voltou ao problema novamente. Sua prova é altamente complexa e pode não ser a mesma que Fermat disse haver descoberto.

O mundo nunca é o bastante

Descartes juntou a álgebra com a geometria definindo um ponto através de coordenadas e usando isso para traçar gráficos a partir de equações. Fazendo isso, ele proporcionou os meios para maior desenvolvimento da geometria algébrica em novas e incontáveis dimensões.

Qualquer forma bidimensional pode ser representada atribuindo-se coordenadas a seus vértices (cantos), cada um representado por dois números. O princípio pode ser ampliado para três dimensões facilmente – dando três coordenadas definimos um ponto no espaço tridimensional. É fácil relacionar as diferenças entre os pontos também. Em um sistema bidimensional, com pontos (a, b) e (c, d) podemos usar o teorema de Pitágoras para calcular a distância entre os dois pontos. Imaginamos um triângulo, com os dois pontos definindo as extremidades da hipotenusa. O comprimento dessa linha - a distância entre os pontos é então $\sqrt{((c - a)^2 + (d - b)^2)}$. Podemos aplicar a mesma fórmula para três dimensões: a distância entre dois pontos (a, b, c) e (c, e, f) é $\sqrt{((d - a)^2 + (e - b)^2 + (f - c)^2)}$. O que nos impede de levar esse conceito mais adiante tratando com distâncias em 4 dimensões, definidas por 4 coordenadas? Ou 26 dimensões? Ou 4.519 dimensões? Podemos ter uma objeção conceitual porque não podemos visualizar um espaço quadridimensional, e muito menos com 4.519 dimensões, mas os matemáticos não estão preocupados se estamos ou não à vontade com o conceito.

Qual é o uso para o espaço multidimensional? Se pudermos retroceder a partir dos problemas de tentar visualizá-lo como um espaço do mundo real, o espaço teórico com muitas dimensões é realmente muito útil. Frequentemente traçamos gráficos que plotam duas variáveis – velocidade em relação ao tempo, por exemplo, ou temperatura em relação à taxa de crescimento. Há muitas situações no mundo real nas quais são envolvidas muito mais do que duas variáveis. Se formos acompanhar as condições climáticas, o desempenho de empresas em um mercado de ações, as taxas de mortalidade em uma população, há muitas variáveis para serem levadas em conta. Alocando valores talvez para sete, oito ou nove variáveis para cada ponto de dados, podemos imaginar, se não visualizar, um mapa em sete, oito ou nove dimensões a partir do qual podemos fazer medidas e previsões. Não é necessário desenhar o mapa – a álgebra pode se encarregar dos cálculos sem ele –, mas o espaço conceitual foi sugerido no qual existe o gráfico.

É muito difícil para nós visualizar espaço com mais de quatro dimensões que sabemos que existe, mas a álgebra pode funcionar com qualquer número de dimensões.

O Floco de Neve Koch

É até possível imaginar geometria em dimensões fracionárias. Um modelo famoso disso é o floco de neve de Koch, desenvolvido pelo matemático sueco Niels von Koch (1870-1924). O floco de neve de Koch é um exemplo de um fractal, um dos primeiros a serem definidos.

Desenhe um triângulo equilátero, divida cada lado em três partes iguais, remova a parte do meio de cada lado, substituindo-a por dois lados de outro triângulo equilátero do mesmo tamanho da seção removida. Continue fazendo isso. O resultado é uma forma semelhante a um floco de neve.

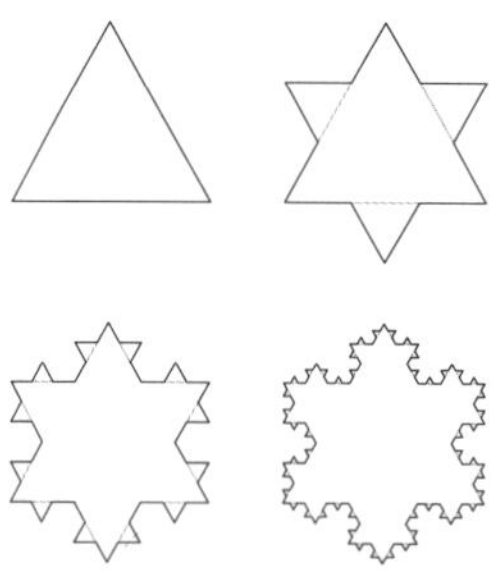

É possível continuar isso um número infinito de vezes. O resultado é uma forma que tem uma área definida pela fórmula

$$(2\sqrt{3}s^2)/5$$

quando s é a medida de um lado do triângulo original. No entanto, o perímetro é infinito – um perímetro infinito que abrange uma área finita.

Fazendo a mesma operação com um único segmento de linha em lugar de um triângulo, a linha resultante aproxima-se de uma curva na medida em que os segmentos de linha se tornam cada vez menores. A curva é chamada de curva de Koch.

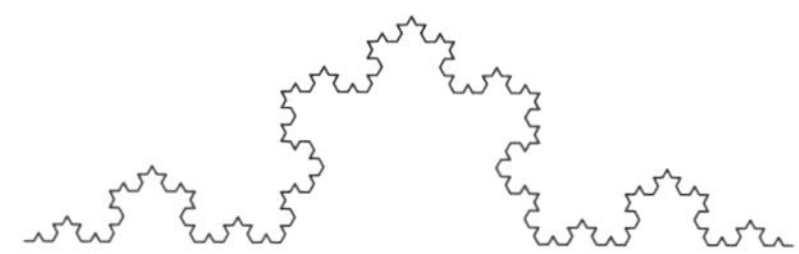

A curva tem um comprimento infinito. O comprimento total aumenta de um terço em cada passo e assim o comprimento após n passos é $(4/3)^n$. Ela não é uma linha unidimensional, já que qualquer porção é imensurável – ela é infinitamente longa. E também ela não está envolvendo uma área, portanto ela não é bidimensional. Dizemos que ela tem uma dimensão fractal de $\log 4/\log 3 \approx 1{,}26$, maior do que a dimensão de uma linha, mas menor do que a dimensão de uma curva (uma dimensão fractal também é chamada de dimensão Hausdorff, em homenagem a um dos fundadores da moderna topologia).

Outros Fractais

Um fractal é uma estrutura na qual um padrão é repetido desde larga escala até pequena escala, de maneira que um exame mais próximo da estrutura revela as mesmas figuras ou similares. Há muitas formas quase fractais na natureza, incluindo flocos de neve, árvores, galáxias e ramificações dos vasos sanguíneos. Os fractais são muito irregulares para serem descritas usando geometria euclideana padrão e geralmente têm uma dimensão Hausdorff que difere de sua dimensão topológica normal. Fractais muitas vezes são produzidos por algoritmos de preenchimento de espaço. O triângulo de Sierpinski é um exemplo. Começando com um triângulo simples, faça três copias dele com metade do tamanho original, e coloque as cópias nos cantos do original. Continue repetindo essa operação *infinitamente*. O padrão resultante é idêntico com qualquer ampliação. Ele foi descrito pela primeira vez pelo matemático polonês Waclaw Sierpinski

(1882-1969) em 1915, na forma de uma curva matematicamente definida em vez de uma forma geométrica. Ela tem uma dimensão Hausdorff de log3/log2 ≈ 1,585.

O exemplo mais conhecido de um fractal é o conjunto Mandelbrot, descrito pelo matemático polonês Benoît Mandelbrot (nascido em 1924). Ela é o resultado que aparece quando se desenha uma figura geométrica de um conjunto de equações quadráticas que envolvem números complexos.

Mandelbrot juntou exemplos anteriores de fractais, deu a eles o nome de "fractal" e definiu suas condições. Ele explorou sua prevalência, tanto no mundo natural quanto nos sistemas artificiais como a economia, e determinou que eles são um modelo muito comum, encontrados mais frequentemente do que simples estruturas da geometria euclideana. Fractais podem, muitas vezes, expressar a qualidade "rude" do universo real, enquanto que a geometria euclideana trata da suavidade, que raramente se encontra na natureza. Mandelbrot sugeriu um modelo do universo no qual as estrelas estão fratalmente distribuídas. Isso resolveria o paradoxo de Olbers sem a necessidade de um Big Bang, embora ele não exclua um Big Bang (o paradoxo de Olber afirma que o céu à noite é escuro quando ele deveria ser claro, já que olhando em qualquer direção deveríamos ver uma estrela. Embora ele tenha sido descrito pelo astrônomo alemão Heinrich Olbers em 1823, ele foi notado pela primeira vez por Kepler.)

Embora as fractais geralmente comecem como equações, eles são mais bem percebidos como formas geométricas.

> *"Nuvens não são esferas, montanhas não são cones, linhas da costa não são círculos, e casca de arvore não é lisa, nem a luz caminha em linha reta."*
>
> Benoît Mandelbrot

Continuando

Com os fractais, linhas se expandem para o infinito. Trabalhando com gráficos produzidos por Descartes e Fermat, mesmo sem a complexidade adicional dos comprimentos de linha infinitos, logo apareceu a necessidade de calcular as áreas sob as curvas e os comprimentos dos segmentos de linha curvos. A maneira de tratar com isso – e mais tarde de tratar com fractais – envolvia o exame do infinitamente pequeno. No fim do século 17, os matemáticos finalmente passaram a dominar a ideia do infinito.

Benoît Mandelbrot, "o pai da geometria fractal".

CAPÍTULO 6

Compreendendo O INFINITO

Métodos geométricos para encontrar áreas e volumes são bem fáceis quando lidam com polígonos e sólidos de bordas retas, mas falham quando confrontados com áreas e volumes curvos, bem como com espaços e superfícies ainda mais difíceis da geometria Riemann e fractais.

As primeiras abordagens para os problemas de trabalhar com formas e volumes irregulares tentavam dividir a área ou volume em partes pequenas e regulares e depois juntar as partes. Os elementos essenciais desse método foram descritos por Eudoxo e Arquimedes mais de 2.000 anos atrás, mas desenvolvimento e aplicação rigorosos não foram possíveis enquanto os matemáticos ainda estavam tropeçando na ideia do infinito. No século 17, finalmente surgiu um método sistemático para tratar com esses problemas. Assim como aconteceu com a geometria analítica, o novo método – o cálculo – foi desenvolvido simultaneamente e independentemente por dois dos grandes matemáticos da época.

A imensidão do oceano é um primeiro símbolo do infinito.

Entendendo o infinito

Números irracionais, como π e √2, são séries infinitas. Podemos continuar a refiná-los com um número de casas decimais cada vez maior, mas a tarefa nunca terminará. Tanto o infinitamente grande quanto o infinitamente pequeno (o infinitesimal) tem assustado os matemáticos por dois melênios. Os gregos odiavam os números irracionais até o ponto, talvez, de assassinar Hipaso por provar que eles existiam. Mas, no século 17, alguns matemáticos mudaram de ideia para abordar e eventualmente aceitar o infinito e o infinitesimal. Esses conceitos e números finalmente viriam a se tornar úteis e não algo para confundir as expectativas e crenças da época.

Arquimedes, representado aqui em um retrato anacrônico de 1620, enfrentou problemas de infinito e limites que seriam resolvidos quase 2.000 anos mais tarde.

Um Primeiro Precursor

O método que Arquimedes adotou para calcular a área de um círculo (e para assim obter o valor de π) dependia de se desenhar polígonos internos e externos a um círculo e calcular suas respectivas áreas. Isso resultou em limites superior e inferior para a área do círculo. Foi obtido um grau maior de precisão usando números cada vez maiores de lados para os polígonos externo e interno. Aqui Arquimedes encontrou dois conceitos que se tornariam extremamente importantes mais tarde – o conceito de limites e o conceito de infinito, porque a área perfeita seria dada por um polígono com um número infinito de lados. Um círculo, sem dúvida, pode ser considerado como um polígono com um número infinito de lados, assim os dois polígonos convergiriam para aquele ponto. Como o número de lados tende para o infinito, a diferença entre a área dos polígonos e a área do círculo tende a zero e os limites coincidem.

A possibilidade de trabalhar com uma área ou volume dividindo a figura em um número muito grande de fatias muito fi-

O PESO DO PAPEL

Assim como Arquimedes encontrou o volume de uma forma irregular medindo o volume de água deslocada pelo sólido, Galileu descobriu uma solução prática para o problema de encontrar a área sob uma curva. Na falta de ferramentas geométricas e algébricas para calcular a área, ele plotou sua curva, depois a recortou e pesou o papel. Comparando o peso desse papel com o peso de um pedaço de papel de área conhecida, ele podia calcular a área sob a curva.

nas não era novidade para Arquimedes. Demócrito havia rejeitado esse método 200 anos antes porque ele não conseguia superar sua objeção à dificuldade lógica de que, se as fatias forem infinitamente finas, não há diferença entre elas, assim toda pirâmide se transforma em um cubo. Antífon (o sofista) desenvolveu a técnica usando o "método da exaustão" (embora esse termo não tenha sido usado até 1647) e Eudoxo o tornou rigoroso. O princípio era relacionar a área a ser descoberta com outra área, que era mais fácil de calcular, e provar primeiro que a área desconhecida não é maior do que a área conhecida e depois que ela não é menor do que a área conhecida (assim elas são iguais). É um método de prova não construtivo, já que a resposta deve ser conhecida antes que a prova possa ser usada.

No século 17, quando os matemáticos finalmente ficaram mais à vontade pensando sobre o infinito e o infinitesimal, o método finalmente teve sucesso com formulação algébrica adequada, e surgiu como o cálculo integral. Isso não podia ocorrer enquanto a geometria analítica não tivesse sido desenvolvida e surgisse um rigoroso entendimento dos limites.

Uma gravura do século 19 de Demócrito com régua, compasso e globo.

Passos na Direção Certa

Na segunda metade do século 16, a grande corrida do desenvolvimento em ciência e mecânica trouxe novos incentivos para o cálculo com áreas, volumes e propriedades como a velocidade. O cientista alemão Johannes Kepler (1571-1630) e o engenheiro flamengo Simon Stevin (veja página 32) trabalharam ambos no cálculo de áreas de formas irregulares dividindo-as em fatias muito finas, ambos abordando o problema de um ponto de vista prático com um problema específico em mente. Stevin usou a técnica para resolver o problema do centro de gravidade de um objeto sólido. Ele inscreveu paralelogramos dentro de um triângulo para encontrar a mediana onde estaria o centro de gravidade.

Kepler tinha uma questão muito mais interessante. Ao comprar vinho em barris, o preço era calculado dependendo de quão cheio estava o barril. Mas isso era medido com uma varinha e não levava em conta a curvatura vertical do barril. Somente quando o barril estava completamente cheio ou pela metade a varinha dava uma medida correta do volume, já que o barril é mais largo no meio do que na extremidade superior ou inferior. Se um barril estava cheio até um quarto (em profundidade), ele continha menos do que um quarto de um barril completamente cheio e Kepler seria enganado se pagasse um quarto do preço do barril cheio. Ele propôs cortar o barril em fatias circulares infinitamente finas e somar suas áreas como um método para calcular o verdadeiro volume. Na verdade, ele também precisava medir as áreas sob os caminhos curvos para seu trabalho em astronomia – mas o barril de vinho apresenta um problema mais atraente.

Galileu declarou sua intenção de escrever um tratado sobre o infinito, mas se ele realmente o fez, este não chegou até nós. Em vez disso, temos passagens que se relacionam com o cálculo de áreas e volumes referindo-se ao infinito e infinitesimais, mas Galileu ainda lutava contra a estranha lógica desses conceitos.

"[O infinito e o infinitesimal] transcendem ao nosso entendimento finito, o primeiro devido à sua magnitude, o segundo devido à sua pequenez; imagine o que eles são quando combinados."
Galileu, 1638

Talvez sua observação mais interessante, e que previa o desenvolvimento da teoria dos conjuntos no século 19, é que todo inteiro pode ser elevado ao quadrado; assim, como há um número infinito de inteiros, há um número infinito de quadrados: "devemos dizer que há tantos quadrados quanto números". Mas pode o número infinito de quadrados ser maior do que o número infinito de inteiros? Ele esteve próximo de reconhecer uma característica dos conjuntos infinitos – que uma parte do conjunto pode ser igual ao conjunto todo. Em vez disso, ele retrocedeu de sua conclusão, dizendo que "os atributos "igual", "maior" e "menor" não são aplicáveis ao infinito, mas somente a quantidades finitas".

Foi outro italiano, Bonaventura Calvieri (1598-1647), quem juntou o trabalho sobre divisão infinita de Arquimedes com Galileu. Em um texto publicado em 1635 (embora concebido seis anos antes), ele explicou seu método de "indivisíveis". Ele usou métodos geométricos laboriosos que logo foram ultrapassados, mas chegou a um resultado importante. Ele obteve alguma coisa que era equivalente ao cálculo que seria inventado somente 50 anos mais tarde.

Surge o cálculo

A invenção do cálculo foi um dos grandes pontos de virada na história da matemática. Ele resolvia problemas que tinham preocupado os matemáticos por 2.000 anos e abriu as portas que ninguém sabia que existiam.

Cálculo costumava ser chamado "o cálculo" e hoje ele é usado para resolver problemas complicados que a álgebra isoladamente não pode resolver.

Um Pouco sobre Cálculo

O cálculo proporciona uma maneira de medir taxas de mudança e os efeitos da mudança ("calculus" é o nome em latim para uma pequena pedra usada para contagem). Ele se divide em duas partes que são o inverso uma da outra: diferenciação e integração. O teorema fundamental do cálculo é que aplicando diferenciação a uma integral, retorna-se à expressão original e vice-versa.

Ambos são essencialmente métodos de aproximação, mas procuram usar limites que fazem o erro envolvido (a imprecisão da aproximação) tender a zero. O princípio é mais fácil de entender quando ilustrado por um exemplo.

Voltando ao Caso de Aquiles e a Tartaruga

O paradoxo de Zeno, no qual Aquiles nunca consegue alcançar a tartaruga se esta tiver uma vantagem na saída (veja página 82), pode ser expresso (mas não resolvido) usando o cálculo.

Usando d para representar a distância que a tartaruga andou desde o ponto de partida, e t para representar o tempo que se passou, temos uma sequência de tempos e distâncias correspondentes, t1, t2, t3 ... e d1, d2, d3 ... A velocidade com que a tartaruga se move é uma função de tempo e distância, e dá a taxa de mudança de posição da tartaruga. Sua velocidade durante um intervalo de dois tempos, t1 e t2, é dada por:

$$\frac{d_2 - d_1}{t_2 - t_1}$$

Se depois de 15 segundos a tartaruga estiver 3 metros além do ponto de partida e após 20 segundos ela estiver a 4 metros do ponto de partida, sua velocidade é dada por

$$\frac{4 - 3}{20 - 15}$$

ou 1/5 de metro por segundo.

Um gráfico mostrando o movimento da tartaruga seria uma linha reta, porque a relação entre distância e tempo é constante.

Se a tartaruga se move com velocidade constante, o gráfico da velocidade em relação ao tempo seria uma linha reta horizontal.

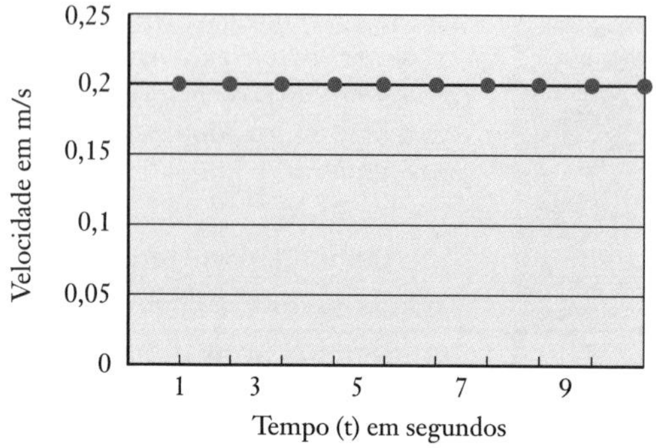

A distância percorrida é a área sob o gráfico da velocidade em relação ao tempo, que é fácil de calcular neste caso (d = 0,2t). A taxa de mudança da velocidade (aceleração) é dada pela inclinação. Neste caso, a linha é horizontal, já que não há aceleração – a tartaruga anda com velocidade uniforme.

Agora suponha que a tartaruga esteja dirigindo um carrinho elétrico. Em lugar de uma velocidade uniforme, ela agora acelera até que o carrinho chegue à velocidade máxima. A primeira parte do gráfico da velocidade seria assim:

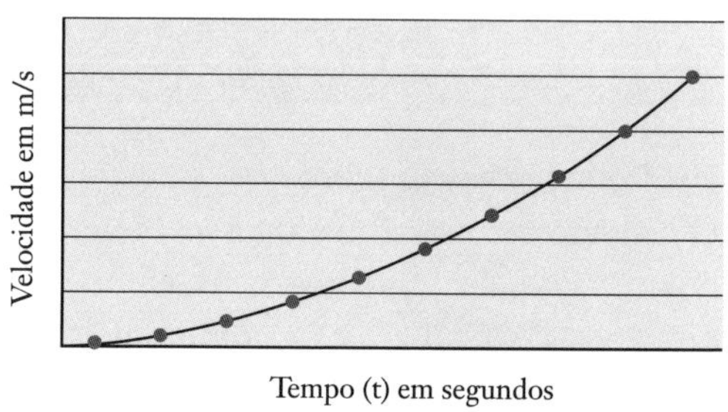

A situação é agora mais complexa. Para determinar a distância que a tartaruga percorreu, precisamos calcular a área sob o gráfico, mas isso não é fácil de calcular. Para encontrar a aceleração em um determinado instante, precisamos medir a inclinação da curva naquele ponto. A distância é resolvida pelo cálculo integral e a aceleração pelo cálculo diferencial.

O INÍCIO DA DINÂMICA

O bispo francês Nicholas Oresme descobriu em c.1361 que a área sob um gráfico da velocidade em relação ao tempo é igual à distância percorrida. Em sua conversão de um problema de dinâmica para a geometria, ele foi provavelmente o primeiro a usar um sistema de coordenadas fora da cartografia.

Integração

A integração calcula a área sob a curva traçando uma série de retângulos infinitesimamente finos sob a curva e somando suas áreas. Isto é similar às fatias do barril de vinho de Kepler (veja página 152) ou às fatias da pirâmide que preocupavam Demócrito (veja página 83).

Podemos fazer uma aproximação grosseira da área sob a curva traçando retângulos de modo que a curva passe através dos pontos médios do topo de cada retângulo:

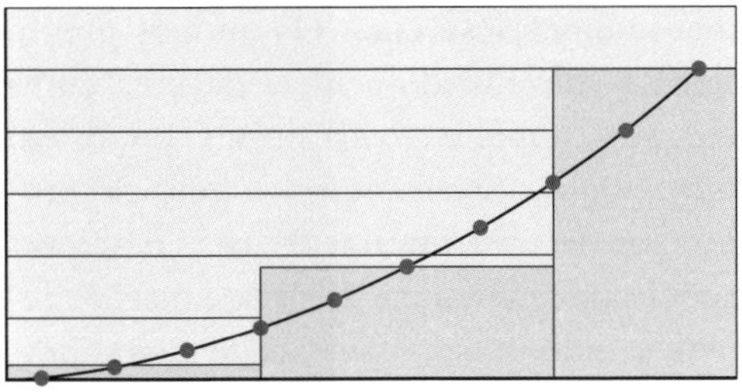

A linha deixa de fora uma parte do topo de cada retângulo à esquerda, mas há um espaço sob a linha à direita. Se a parte do retângulo que foi cortada fora for colocada sobre a parte que faltou, ela se encaixará muito bem. Quanto menores forem os retângulos, melhor será o ajuste da curva.

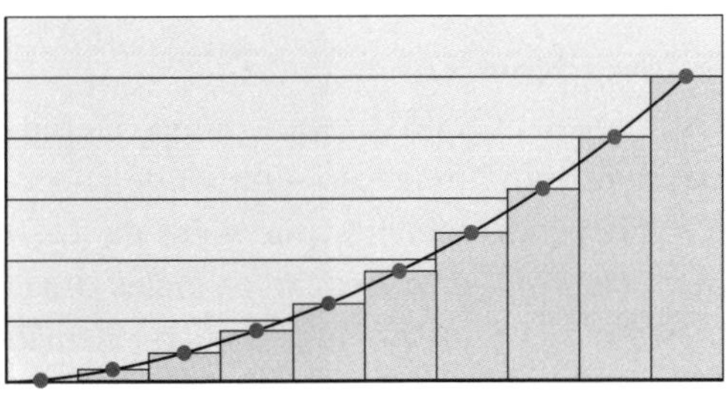

A área calculada (a soma de todos os retângulos) aproxima-se da área verdadeira sob a curva na medida em que o número de retângulos se aproxima do infinito. Essa área é a integral da função f(t). A expressão para a integral é escrita assim

$$\int_a^b f(t)dt$$

onde a e b são os limites dentro dos quais estamos trabalhando (os valores superior e inferior de t que limitam a área) e "dt" significa uma variação muito pequena do tempo.

Diferenciação

A aceleração média sobre um intervalo de tempo (no gráfico do tempo em relação à velocidade) é dada pela inclinação de uma linha reta traçada entre os pontos inicial e final do intervalo. Essa linha é chamada de secante. A aceleração em um instante é dada pela inclinação da curva naquele instante (ou inclinação da tangente à curva naquele instante).

O cálculo diferencial proporciona uma maneira de aproximar a inclinação da curva assumindo um intervalo de tempo muito curto e calculando a inclinação da secante para aquele intervalo (o intervalo muito curto é chamado de Δt, "delta-t", sendo que a letra grega delta maiúscula é usada para mostrar um valor pequeno.)

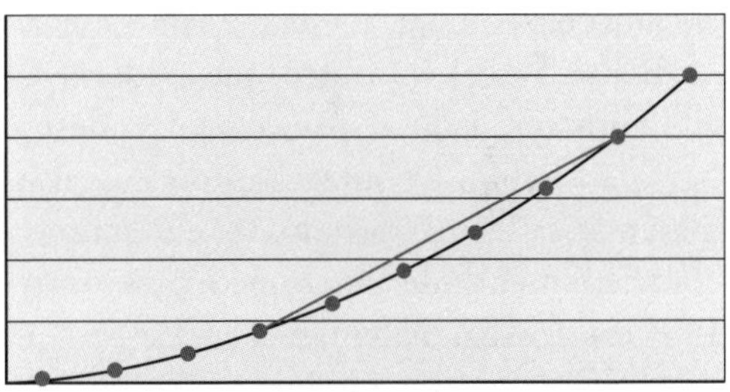

Neste exemplo, a secante é traçada entre dois pontos na linha.

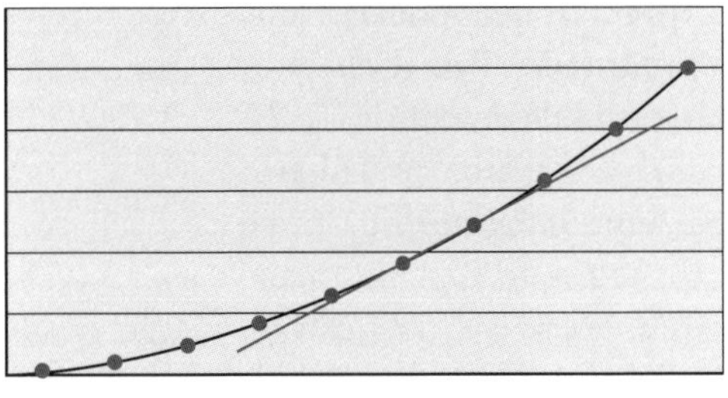

Neste exemplo, a tangente toca a linha em um ponto.

O tempo Δt é um intervalo de tempo muito curto. Fazendo Δt cada vez menor, obtemos um resultado cada vez mais preciso, embora nunca será o mesmo que a inclinação da curva porque não podemos fazer Δt igual a zero. No entanto, à medida que Δt se aproxima de zero, a linha se aproxima de um ajuste perfeito. Isto introduz o conceito de limite: o limite da função *se aproxima* do valor desejado (a aceleração em um dado instante) na medida em que Δt se aproxima de zero. Isto é o processo da diferenciação.

Oportunidades Perdidas

O trabalho de Fermat sobre geometria analítica inclui uma relação que é fundamental para a teoria do cálculo. Fermat trata de achar tangentes a curvas e áreas sob curvas. As expressões que ele derivou tinham uma relação inversa, embora pareça ter escapado à sua atenção, porque não há evidência de que ele sabia disso ou que tenha tentado explicar.

Blaise Pascal foi outro que poderia facilmente ter dado o passo final e descoberto o cálculo. Os interesses de Pascal na matemática eram variados e ele migrava constantemente de um tópico para outro. Ele desistiu da matemática depois que entrou em um êxtase religioso, e morreu jovem – dois fatores que contribuiram para tirar-lhe o prêmio que poderia ter conquistado. Pascal chegou tão perto de descobrir o cálculo enquanto trabalhava em uma integração da função seno que Leibniz, mais tarde, escreveu que estava lendo o trabalho de Pascal que indicou o caminho do cálculo para ele.

Vendo o Caminho Adiante

Com o desenvolvimento da geometria analítica, tornou-se possível descrever o movimento algebricamente. Os antigos gregos tinham introduzido a ideia de uma curva como o caminho (*locus*) de um ponto em movimento. A geometria algébrica proporcionava uma ferramenta para descrever aquele *locus* na forma de uma equação, generalizando sobre as formas de curvas produzidas por diferentes tipos de movimento e identificando padrões que tinham valor preditivo. Por exemplo, Calvieri notou que a área sob a parábola definida por $y = x^2$, entre 0 até a no eixo x é $a^3/3$. De forma semelhante, para a curva $y = x^3$, a área correspondente é $a^4/4$. Não foi dificil então adivinhar que a fórmula geral para a área sob uma curva $y = x^n$ é $a^{n+1}/(n+1)$.

Leibniz e Newton

Os fundamentos do cálculo – tanto diferenciação quanto integração – foram descobertos independentemente por volta de 1670 pelo cientista e matemático inglês Isaac Newton e pelo polimatematico alemão Gottfried Leibniz (veja página 158).

SEKI KOWA OU SEKI TAKAKAZU (1637/42-1708)

Seki Kowa nasceu no Japão em 1637 ou 1642. Ele desenvolveu uma nova notação para expressar equações até o quinto grau, usando caracteres *kanji* para variáveis e incógnitas. Ele descobriu os discriminantes, que o levaram a alguns resultados no cálculo diferencial, quase ao mesmo tempo em que Newton e Leibniz os descobriram na Europa. Não há nenhuma comunicação conhecida entre matemáticos japoneses e europeus (um discriminante é uma expressão que mostra uma relação entre os coeficientes de uma equação polinomial. Por exemplo, para a equação quadrática $ax^2 + bx + c$, o determinante é $b^2 - 4ac$. Dependendo do discriminante ser positivo, negativo ou zero, temos informações sobre a natureza da equação e suas raízes).

SIR ISAAC NEWTON (1642-1727)

Isaac Newton nasceu prematuramente no Natal de 1642 e estava tão doente que chegou a receber a extrema-unção. Seu pai havia morrido antes de seu nascimento e quando ele tinha três anos, sua mãe o deixou aos cuidados da avó e foi viver com seu novo marido.

Newton foi para o Trinity College, em Cambridge, onde estudou as ciências clássicas exigidas pelo currículo, mas também leu os novos trabalhos de Descartes e do químico Robert Boyle. Quando a universidade foi fechada por dois anos, devido à praga, Newton trabalhou em Lincolnshire. Ele desenvolveu suas ideias de cálculo que chamou de "fluxions", mas neste ponto ele não publicou nenhuma de suas descobertas. Depois da praga, Newton tornou-se professor em Cambridge e pôde se dedicar a seu trabalho científico e matemático. Ele descobriu que a luz branca é formada por um espectro de luz colorida, formulou suas leis de movimento que são a base da mecânica clássica e definiu uma força que comanda o movimento de corpos em queda, a gravidade. Sua publicação sobre suas descobertas, *Philosophiae Naturalis Principia Mathematica*, é talvez a principal e mais importante publicação científica de todos os tempos.

Newton foi o primeiro a descobrir que a luz branca podia ser decomposta em cores do espectro.

Newton tinha atração por assuntos místicos e alquimia. Ele tinha também uma intolerância psicótica a outros estudantes que discordassem dele. Por muitos anos, ele trabalhou isolado, evitando qualquer possível fonte de conflitos. Disputas profissionais lhe causavam grande raiva e provocavam tempestades no mundo científico.

O que ambos os homens fizeram foi descobrir um método para calcular a tangente de uma curva em um ponto específico da curva, dada somente a equação que define a curva. A inclinação da tangente (que define a linha geometricamente) mostra a razão de mudança da função (como, por exemplo, a velocidade de um corpo em movimento em um determinado instante). Ambos os cientistas também perceberam que a integração é o inverso desse processo de diferenciação – que integrando o resultado da diferenciação leva de volta à função original e vice-versa. Isso revelou uma relação surpreendente entre valores totais e taxas de mudança.

A notação

$$\int x^2 dx$$

para a expressão que dá a área sob a curva $y = x^2$ foi adotada por Leibniz porque ele a viu como a soma (indicada pelo s alongado, $\int$) da expressão, neste caso x^2, dividida em segmentos infinitesimamente pequenos ao longo do eixo x (dx). Newton e Leibniz exploraram diferentes aspectos do cálculo e tinham intenções bastante distintas sobre como usá-lo. Para Newton, um dos benefícios de suas descobertas em cálculo era a habilidade de lidar com séries de potências – somas infinitas de potências múltiplas de x, como

$$1/(1-x) = 1 + x + x^2 + x^3 + x^4 + \ldots$$

Ele desenvolveu um cálculo de séries de potências, mostrando como diferenciar, integrar e inverter essas séries de potências. Leibniz estava mais interessado nas propriedades de sistemas que se alteram e no somatório de infinitesimais. Seu trabalho tratava valores contínuos como se eles fossem discretos, um defeito de lógica que ele e outros não perceberam – apesar de ser um problema tão antigo que foi a dificuldade principal do paradoxo de Zeno.

GOTTFRIED WILHELM LEIGNIZ (1646-1716)

Gottfried Leibniz desde criança era autodidata, e entrou para a universidade de Leipzig para estudar Direito. A universidade recusou-se a conceder-lhe o doutorado porque ele era muito jovem, em consequência disso ele deixou a cidade e nunca mais voltou. Obteve seu doutorado imediatamente em Nuremberg.

Leibniz mudou-se para Paris, e a maior parte de seus escritos foi em francês ou latim. Ele trabalhou a serviço de várias famílias nobres durante sua vida, cuidando de seus interesses em matemática, filosofia e muitos outros ramos da ciência ao mesmo tempo. Desenvolveu uma máquina de calcular que apresentou à Royal Society em uma visita a Londres. Desenvolveu o ramo da ciência chamada dinâmica que se preocupa com o movimento dos objetos e as forças que agem sobre eles, depois trabalhou em 1670 em mecânica prática e engenharia, projetando e melhorando muitos tipos de máquinas. Ele é considerado o originador da geologia devido às observações que fez nas minas nas montanhas Harz e foi o primeiro a propor que a Terra tinha sido inicialmente uma massa fundida. Em 1679, aperfeiçoou a notação binária que está no coração da ciência da computação. Sua filosofia era otimista – ele acreditava que o mundo representava o melhor de todos os possíveis mundos que Deus poderia ter criado.

Leibniz escreveu dezenas de milhares de documentos sobre uma ampla variedade de assuntos e grande parte de seu trabalho permanece não publicado até hoje.

O paradoxo de Zeno procura dividir o movimento contínuo em pequenos movimentos - um problema maquiado pelo cálculo.

Newton não publicou nenhuma de suas descobertas relativas ao cálculo, e Libniz publicou primeiro. A disputa que resultou sobre a prioridade e os méritos dos métodos de cada um dos homens teve demoradas repercussões, isolando os matemáticos britânicos até o século 19.

O Impacto do Cálculo

Ao estudar a queda dos corpos, Galileu (que morreu no ano em que Newton nasceu) precisava calcular a velocidade de um objeto em um determinado instante no tempo. Para esse tipo de problema, o cálculo diferencial é a ferramenta perfeita. Desde o tempo de Newton e Leibniz, o cálculo tem sido aplicado a inúmeros problemas em mecânica, física, astronomia, economia, ciências sociais e muitos outros campos, revolucionando a fisica e dando novo ímpeto para mais desenvolvimento das técnicas matemáticas. O cálculo gerou um ramo completo da matemática, chamado análise, que trata da mudança contínua. Ao somar um grande conjunto de pequenas quantidades, a integração é útil em problemas como aqueles para determinar a distância percorrida por um corpo que se move a uma velocidade variável ou para calcular o consumo total de combustível de um veículo. A diferenciação pode ser usada em problemas variados como modelagem de doenças epidêmicas e na determinação do caminho que um avião precisa percorrer para evitar colisão com outro.

O cálculo tem uma ampla gama de aplicações práticas para o mundo moderno. Ele até ajuda na segurança dos vôos dos aviões em nossos céus congestionados.

Cálculo e além

Os matemáticos nunca se sentiram à vontade com o conceito de infinito e o cálculo destacou essa preocupação. O bispo Anglicano George Berkeley (1685-1753) fez uma refutação bem argumentada sobre o cálculo e isso iniciou um produtivo debate que levou a uma rigorosa definição de limites e infinito. Isso no final beneficiou o desenvolvimento do cálculo e permitiu que a análise brotasse dele.

A objeção de Berkeley não foi totalmente respondida por mais de cem anos. Mais cem anos depois, o lógico Abraham Robinson (1918-74) finalmente mostrou que a ideia do infinitesimal é logicamente consistente e que os infinitesimais podem ser considerados como um tipo de número.

A análise lida com mudanças contínuas e com os processos que surgiram ao estudá-la, como os limites, diferenciação e integração. A diferenciação, em particular, é uma das principais ferramentas de análise. Relacionando taxas de mudança com valores atuais, é possível – pelo menos em teoria – prever comportamentos futuros. Isto coloca a análise no centro de muitas atividades preditivas e de modelagem, desde a previsão do tempo até a epidemiologia, da astronomia à mecânica dos fluidos.

Usando o Conceito de Infinito

Há muito tempo, na época da Antiga Grécia, o conceito de infinito tem sido empregado na matemática, apesar da dificuldade que tal conceito apresenta. Euclides usou um algoritmo para encontrar o maior divisor comum de um par de números. Se ele o aplicasse a um par de segmentos de linha irracionais, o procedimento nunca terminaria, tornando-se um processo infinito. Euclides usou essa propriedade para testar a irracionalidade.

O bispo Berkeley respondeu ao que ele considerou como a fragilização da religião pela filosofia natural (da qual o cálculo era uma parte principal) na obra The Analyst (1734).

Um desejo similar de ignorar as dificuldades lógicas do infinito e infinitesimais (ou falta de rigor na aplicação dessa lógica) levou Newton e Leibniz a enganar o cálculo. Eles trataram a realidade como discreta e contínua ao mesmo tempo, dependendo de valores que eram tão pequenos que poderiam ser eliminados da existência quando conveniente, ou poderiam ser usados para por um fim ao infinito. No entanto, os resultados obtidos pelo cálculo, em muitos campos, foram tão valiosos e impressionantes que as inconsistências no centro do cálculo não foram imediatamente tratadas.

> *"E o que são esses Fluxions?... Eles não são quantidades finitas, nem quantidades infinitamente pequenas, nem mesmo são nada. Porque não os chamamos de fantasmas de quantidades mortas?"*
>
> George Berkeley, 1734

MADHAVA DE SANGAMAGRAMA (1350-1425)

O matemático hindu Madhava de Sangamagrama é considerado por muitos como o mais antigo criador da análise como um método. Ele fundou a escola Kerala de matemática e astronomia, que floresceu entre os séculos 14 e 16. Ele foi o primeiro a aceitar limites tendendo ao infinito e a definir séries finitas, além de ter descoberto as séries infinitas das funções trigonométricas e desenvolver vários métodos para calcular a circunferência de um círculo e dois métodos para encontrar π. Ele também trabalhou no desenvolvimento do cálculo integral e diferencial. Seus escritos não sobreviveram, assim suas conquistas são conhecidas apenas pela sua reputação.

Depois de Newton e Leibniz

A desavença entre Newton e Leibniz sobre prioridade teve o resultado de que o trabalho subsequente com o cálculo foi polarizado. Como Leibniz tinha aparecido com a notação utilizável, ele chegou na frente e a Europa Continental tornou-se a arena onde eram disputados os desenvolvimentos no cálculo. O interesse de Newton pela geometria obscurecia o cálculo que ele estava usando, e sua aversão pela notação de seu rival fez com que poucas pessoas na Inglaterra o seguissem, apesar de admirarem os resultados que ele obtinha.

Nas décadas após a publicação de Leibniz, os irmãos suíços Jakob (1654-1708) e Johann Bernoulli (1667-1748) dominaram o cálculo, juntamente com o próprio Leibniz. Os Bernoullis desenvolveram as regras para a diferenciação, a integração de funções racionais, a teoria das funções elementares, aplicações para a mecânica, e a geometria das curvas – na verdade, grande parte dos fundamentos do cálculo clássico com a exceção das séries de potências que interessavam mais a Newton. Os irmãos Bernoulli até usaram o cálculo para demonstrar a regra de Newton do inverso do quadrado aplicada à gravidade em uma órbita elíptica, que Newton não tinha explicado muito bem.

Jakob (esquerda) e Johann (direita) Bernoulli vieram de uma família de talentosos comerciantes e estudantes, sendo apenas dois dos 8 matemáticos na família.

Em meados do século 19, Riemann refinou o método para calcular uma integral, sugerindo comparar dois conjuntos de finas fatias, um de fatias inscritas e outro de fatias circunscritas. Na medida em que os valores se aproximam um do outro (com fatias cada vez mais finas) é encontrada a verdadeira integral.

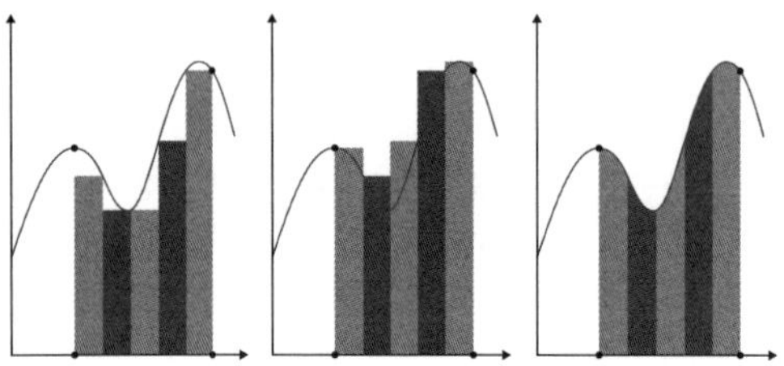

Fatias inscritas *Fatias circunscritas* *Integral verdadeira*

Lidando com os Dilemas

Por mais útil que o cálculo fosse, as inconsistências em sua essência não desapareceriam, e cedo ou tarde foi preciso lidar com elas. O trato com essas inconsistências resultou no desenvolvimento da análise – não uma técnica computacional por si mesma, mas uma boa base lógica para usar o cálculo.

Dois dilemas, destacados pelos críticos das primeiras aplicações do cálculo, surgem logo que começamos a pensar sobre diferenciação mais rigorosamente do que o fizeram Newton e Leibniz. Um desses dilemas é capturado evocativamente no trecho do livro de Berkeley "fantasmas de valores mortos"; o outro pode ser chamado de "fantasma de um momento". O mundo real é mais bem caracterizado pelo modelo de um contínuo do que por um conjunto de partes discretas (isto lembra a distinção que fizemos logo no início entre contar e medir, entre aritmética e geometria, bem como os problemas do contínuo e do discreto no centro dos paradoxos de Zeno).

Pense em qualquer sistema que envolva mudança contínua – água fluindo para uma represa ou ar sobre a asa de um avião, por exemplo. Como as condições locais variam, a taxa de escoamento não é constante. A medida do escoamento em qualquer momento envolve algum tipo de aproximação ou média já que o intervalo de tempo poderia ser tornado sempre menor. Somente congelando o tempo poderíamos fazer uma medida exata. Mas escoamento depende do tempo, assim se congelarmos o tempo o escoamento é zero.

Não é somente o tempo que pode ser subdividido indefinidamente. Por exemplo, quando a temperatura muda de 2° para 3°, ela deve passar por um número infinito de estágios intermediários; e mesmo 2° e 3° são eles próprios decimais infinitos, com um número infinito de zeros após o ponto decimal. Na modelagem de mudanças contínuas, devemos lidar com esses valores fugazes – e eles são necessariamente decimais infinitos.

Os conceitos e estruturas dedutivas por trás das quantidades infinitas começaram a preocupar matemáticos que trabalhavam com cálculo quando estes lutavam por maior rigor.

Para que a análise se tornasse uma ferramenta rigorosa e confiável, os matemáticos, primeiro, precisavam encontrar alguma maneira de tratar com o sentido vago desses fantasmas de valores e momentos. O matemático alemão Karl Weierstrass (1815-97) forneceu uma definição satisfatória do limite de uma série. Ele se tornou conhecido como pai da moderna análise por visualizar um teste para a convergência de séries e para seu trabalho com funções.

Usando a série

1/2 + 1/4 + 1/8 + ...

Weierstrass diria que tudo o que temos a fazer é escolher o nível do erro (ou aproximação) que é aceitável (ε) e então continuar com a série até que a soma (até aqui) seja diferente por uma quantidade menor do que ε. Neste ponto, dizemos que a série converge para o limite 1. Isso elimina a necessidade de infinitesimais nebulosos e dá um número real que satisfaz os requisitos. E também, embora a série se aproxime de seu limite, ela não tem que alcançá-lo para que a condição de Weierstrass seja satisfeita. Agora, a margem de aproximação poderia ser estabelecida e o grau de precisão quantificado. Não havia necessidade de se preocupar com quantidades que deixariam de existir – a análise foi colocada sobre uma base lógica.

O matemático alemão Karl Weierstrass estava preocupado em eliminar as inconsistências no cálculo e definir o limite de uma série.

SÉRIES INFINITAS

Uma série infinita é uma série com um número infinito de termos. Por exemplo,

1/2 + 1/4 + 1/8 + ...

é uma série infinita, onde cada termo é metade do anterior. O limite dessa série – o número que resultaria se pudéssemos chegar ao fim do número infinito de termos – é 1. Devido a série chegar a um limite definido dizemos que ela converge. Outras séries não convergem, como esta aqui

1 + 2 + 3 + ...

Esta série diverge porque ela nunca chega a um limite. Algumas séries convergentes podem ser ambíguas:

0 + 1 - 1 + 1 - 1 + ...

oscila entre 1 e 0.

O Cálculo se Torna Algébrico

Durante o século 18, o cálculo se afastou de suas raízes geométricas no trabalho de Newton e Leibiniz, tornando-se cada vez mais algébrico. As curvas geométricas se tornaram menos importantes e as funções algébricas passaram para o cenário central. Logo depois, entraram em cena os números complexos.

A diferenciação oferece uma ferramenta útil para valores máximo e mínimo entre limites superior e inferior. Se traçarmos a curva de uma função, a inclinação da curva quando se aproxima do ponto de máximo se achata; a curva momentaneamente é horizontal (tem uma inclinação igual a 0) no ponto máximo, depois ela se curva para baixo novamente, e sua inclinação inverte.

Como a razão de mudança é equivalente a uma tangente traçada em um ponto da curva, é fácil identificar os pontos de máximo ou mínimo – são aqueles pontos nos quais a curva tem uma inclinação zero e depois inverte sua inclinação. Essa informação torna possível encontrar as mudanças de direção – todos os pontos locais de máximo e de mínimo entre determinados limites – sem ter que desenhar o gráfico. Nos pontos onde a derivada da função é zero, a tangente à curva é paralela ao eixo.

A diferenciação é útil também para trabalhar com todos os vários fenômenos que apresentam um crescimento ou decaimento exponencial – tais como crescimento da população ou decaimento radioativo. Examinando a razão de mudança em dados momentos, é possível extrapolar para encontrar valores para o futuro (ou passado).

Funções de Ondas

A habilidade do cálculo para determinar máximo e mínimo o tornou especialmente valioso para trabalhar com todos os tipos de formas de onda, desde acústica até óptica, do eletromagnetismo à atividade sísmica. O primeiro trabalho nesse campo foi feito pelo matemático inglês Brook Taylor (1685-1731), que produziu uma descrição matemática da frequência de vibração de uma corda de violino em 1714. O matemático francês Jean Le Rond d'Alembert (1717-83) refinou o modelo em 1746 para levar em conta mais condições e limites, e a variação em algumas propriedades ao longo do comprimento da corda. Sua demonstração tinha duas ondas caminhando em diferentes direções. O físico escocês James Clerk Maxwell (1831-79) encontrou a mesma onda tridimensional quando explorava o eletromagnetismo. Com isso ele pôde prever a existência das ondas de rádio. Rádio, televisão e radar são todos desenvolvimentos que dependem de um primeiro trabalho analítico sobre formas de ondas de instrumentos musicais.

Trabalhos posteriores sobre propagação do som pelo matemático suíço Leonhard Euler encontraram uma série trigonométrica no centro do problema (1748). Em 1822, o matemático francês Joseph Fourier (1768-1830) também encontrou uma série trigonométrica que definia a maneira como o calor se propaga ao longo de uma barra de metal. A partir disso ele desenvolveu a análise Fourier, que permitiu a ele encontrar valores necessários para modelar a propagação do calor para qualquer distribuição inicial de temperatura. A análise de Fourier é usada para analisar formas de ondas complexas e compostas, decompondo-as em seus componentes e valores. Por exemplo, um sinal de áudio pode ser analisado de acordo com suas diferen-

Com o apelido de "Dafty" na escola em Edinburgo, James Maxwell produziu um trabalho que rivaliza com qualquer grande físico.

LEONHARD EULER (1707-83)

O matemático e físico suíço Leonhard Euler passou grande parte de sua vida na Alemanha e na Rússia. Ele publicou mais do que qualquer outro matemático havia feito antes, e seu trabalho preenche 60 a 80 volumes. Ele trabalhou em muitos campos, fazendo descobertas significativas não apenas na análise, mas na teoria gráfica, teoria dos números, cálculo, lógica e vários outros ramos da física. Ele definiu grande parte da notação usada hoje, incluindo *f(x)* para uma função de *x*, a notação para as funções trigonométricas, o uso de símbolos e (que às vezes é chamado de número de Euler), além de i e $\sum$ (para somatórias). Ele também tornou popular (mas não inventou) o uso da letra Grega π. Uma de suas descobertas mais importantes foi a identidade de Euler

$$e^{i\pi} + 1 = 0.$$

tes frequências e amplitudes. Embora seus métodos não fossem rigorosos, eles foram depois refinados e são, em essência, usados hoje para comprimir som em arquivos MP3, por exemplo.

Muito Difícil

Alguns problemas se mostraram intratáveis mesmo com o uso do cálculo. O movimento dos planetas no sistema solar, por exemplo, é muito complexo para ser descrito em séries simples. Foi desenvolvido o campo da teoria dos sistemas dinâmicos para tratar desses problemas. Essencialmente, são analisados dados locais obtidos de localizações particulares dentro de um campo muito mais amplo e os resultados são aplicados a propriedades globais conhecidas do sistema todo. Hoje, os com-

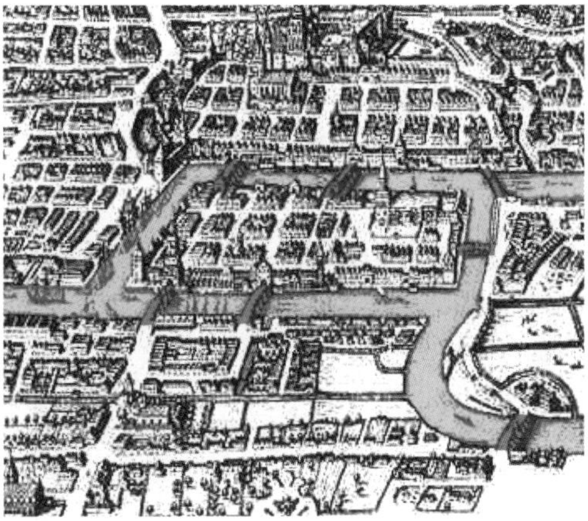

O problema das 'pontes de Königsberg" foi resolvido por Euler em 1735. O problema pergunta se podemos cruzar cada um das sete pontes de Königsberg uma única vez, retornando ao ponto de partida. Contando as pontes ao redor de cada área, Euler provou que isto não era possível. Sua prova é agora considerada como o primeiro teorema da teoria gráfica.

GASES DO EFEITO ESTUFA

Fourier foi a primeira pessoa a afirmar, em 1827, que os gases na atmosfera podem levar ao aumento da temperatura de um planeta – o efeito estufa.

putadores analisam, aproximam e avaliam soluções criadas dessa maneira.

A teoria dos sistemas dinâmicos foi desenvolvida primeiro por Henri Poincaré (1854-1912) para uma competição. Em 1885, o Rei Oscar II da Suécia e Noruega ofereceu um prêmio para determinar a estabilidade do sistema solar – dizendo se ele continuaria no mesmo estado ou se, por exemplo, um planeta poderia se desgovernar saindo de sua órbita para ir colidir com o sol.

Enri Poincaré foi abençoado com uma formidável memória e foi capaz de dominar muitas disciplinas.

O Rei Oscar II que ofereceu um prêmio para determinar quão estável era o sistema solar.

Newton tinha usado a lei do inverso do quadrado para a gravitação para demonstrar a órbita elíptica dos planetas que Kepler havia notado, mas ele também descobriu que o sistema era muito complexo para calcular se estivessem envolvidos mais de dois corpos. O rei queria agora uma solução envolvendo nove corpos – o sol e os oito planetas conhecidos na época. A solução de Poincaré não tratava, na verdade, de nove corpos. Ele se limitou a três e mesmo assim supôs que um deles tinha massa desprezível (e portanto um efeito gravitacional desprezível). Ele modelou uma amostra do que pode acontecer em uma área limitada – onde o caminho de um planeta intersecta-se com essa área – e extrapolou a taxa de mudança para obter uma previsão da estabilidade do sistema todo. Embora Poincaré tenha ganho o prê-

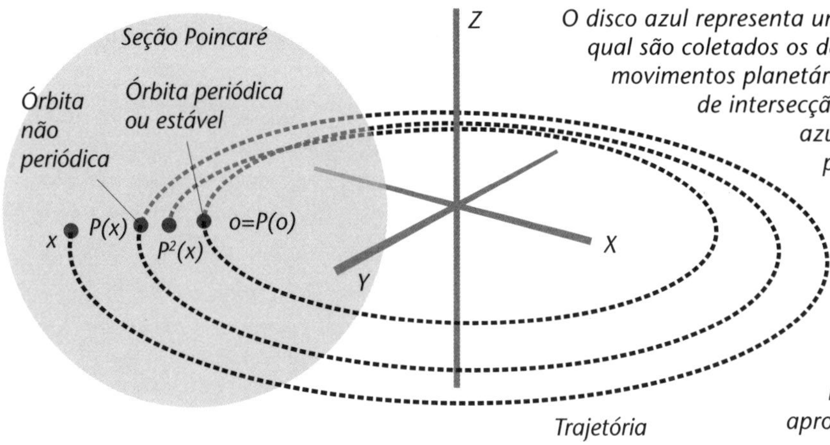

O disco azul representa uma área na qual são coletados os dados sobre os movimentos planetários. Os pontos de intersecção com o disco azul são usados para determinar a taxa de mudança, e a partir desta o comportamento geral dos planetas pode ser modelado aproximadamente.

BOLHAS DE SABÃO E ARQUITETURA

O físico cego belga Joseph Plateau (1801-83) estudou os filmes e bolhas criados por uma solução de sabão. A solução de sabão forma superfícies mínimas – a área superficial mínima que pode cobrir um espaço. A matemática da superfície mínima é uma área produtiva de pesquisa. O pavilhão da Alemanha Ocidental na Feira Mundial Expo 1967 em Montreal, desenhado por Frei Otto, era baseado nos estudos de superfície mínima dos filmes de sabão.

mio por sua solução parcial, ele notou um erro e gastou uma quantia maior que este refazendo sua solução.

A partir do final do século 18, os matemáticos estavam mais dispostos a aceitar números complexos e Gauss começou a aplicar os princípios da análise destes em 1811. A análise usando números complexos – análise complexa – é possível porque os números complexos tendem a seguir muitas das regras dos números reais.

A análise moderna difere em muitos aspectos das primeiras análises. Os matemáticos descobriram que muitas funções não podiam ser integradas, ou se comportavam de uma maneira bizarra quando integradas. Em consequência disso, a integração foi redefinida pelo matemático francês Henri-Léon Lebesgue (1875-1941) por volta de 1900. Em vez de tomar fatias finas do gráfico verticalmente abaixo da curva, Lebesgue sugeriu tomar fatias finas horizontalmente. Isso aumentou muito a utilidade do cálculo integral, pois ele podia ser usado agora com

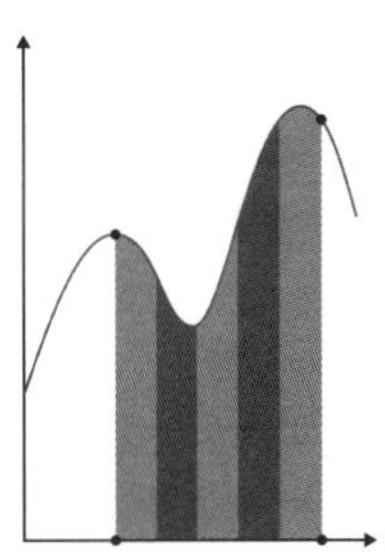

Integração tradicional, tomando fatias verticais

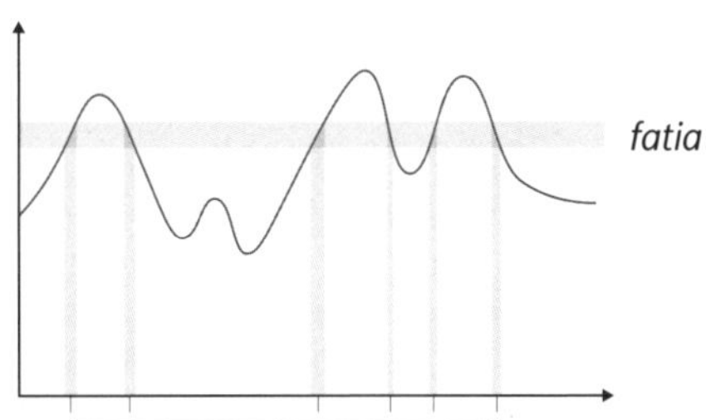

Método de Lebesgue tomando fatias horizontais

O atractor de Lorentz; um modelo do movimento no tempo, de um sistema caótico (aqui, o clima). Apesar das mudanças parecerem aleatórias, o sistema geral forma um padrão.

GLÓRIA PERDIDA

O pesquisador japonês Yoshisuke Ueda descobriu um sistema caótico no mesmo ano que Lorenz (1961), mas seu supervisor não acreditava no caos e não permitiu que ele publicasse sua descoberta até 1970.

funções descontínuas. Ele expandiu as possíveis aplicações da análise de Fourier.

Há muitos ramos diferentes de aplicação da análise e eles atingem todas as áreas da ciência.

Teoria do Caos

O método de Poincaré é a base da teoria do caos, que se desenvolveu muito durante o século 20. Este é um método que permite obter dados úteis a partir de sistemas aparentemente aleatórios. Os computadores

O EFEITO BORBOLETA

Uma interpretação popular da teoria do caos é a ideia de que o movimento das asas de uma borboleta pode causar ou impedir um tornado, pois o pequeno efeito local é amplificado quando ele dispara ou impede outras mudanças na atmosfera. É possível que a ideia tenha sido originada por uma história de ficção científica de Ray Bradbury, "A Sound of Thunder" (Um Som de Trovão) (1952), na qual um viajante no tempo causa mudanças sutis na história humana matando inadvertidamente uma borboleta durante sua visita a eras Jurássicas.

tornaram possível o estudo do caos e dos sistemas caóticos. O trabalho envolve executar os mesmos cálculos repetidas vezes com valores diferentes – o que seria virtualmente impossível sem os computadores.

Um sistema que pareça ser caótico (no senso usual do mundo) na verdade segue regras rígidas. Porém, o sistema é tão sensível a pequenas mudanças no ponto inicial de suas variáveis que seu comportamento é, para todas as finalidades, imprevisível. As previsões meteorológicas são notoriamente difíceis após um pequeno intervalo de tempo porque um número muito grande de fatores pode afetar as condições do tempo e o resultado é muito sensível às condições iniciais. É efetivamente impossível produzir uma previsão correta depois de alguns dias.

Foi enquanto trabalhava na previsão do tempo em 1961 que Edward Lorenz (b.1917) fez uma descoberta significativa na teoria do caos. Ele queria repetir uma operação de modelagem das condições meteorológicas, mas para economizar tempo ele usou números de um trabalho impresso que ele tinha feito antes, iniciando seu modelo a partir do meio da sequência. Ele descobriu que a previsão do tempo resultante era radicalmente diferente daquela que ele tinha obtido na primeira vez. Ele descobriu que a razão era que no material impresso os valores foram arredondados para três dígitos (originalmente eram seis) e esse pequeno erro foi suficiente para produzir um resultado completamente diferente.

A teoria do caos é aplicada a muitas áreas da ciência, incluindo a física, medicina, tectônica, computação, estudos dos lasers e eletricidade. Ela tem também aplicações fora da ciência em áreas tão diversas quando economia, psicologia ou sociologia.

Continuando

As técnicas de cálculo e análises são úteis para examinar tendências em dados de muitos tipos. Antes que os dados sejam examinados, eles precisam ser coletados e processados. Por mais surpreendente que pareça, a ideia de coletar dados sobre os quais serão tomadas decisões – e tornar essa coleta de dados rigorosa e justa – é um desenvolvimento relativamente recente. O ramo da matemática que veio a ser chamado de estatística se desenvolveu apenas nos últimos 400 anos. Curiosamente, sua emergência coincidiu com o desenvolvimento do cálculo, que se tornou uma ferramenta importante em estatística e estudos de probabilidades.

CAPÍTULO 7

NÚMEROS no trabalho e na diversão

O cálculo e a análise estão bem distantes do contato diário que muitos de nós temos com os números. Apesar de grande parte da ciência com que estamos em contato, a maioria dos produtos que usamos e boa parte do mundo ao nosso redor depende das atividades da matemática avançada, nosso contato diário com os números tende a ser mais com a estatística e com a probabilidade. Em finanças, jogos, na economia e muitas outras áreas, os números como previsões e avaliações de riscos nos ajudam a tomar decisões – para comprar um bilhete de loteria, fazer um seguro de vida ou tomar um avião.

Os números, e as possibilidades que eles oferecem, estão conosco o tempo todo.

Viva, isso pode nunca mais acontecer

Os seres humanos apostam nos jogos de azar há milênios. Isto é jogar com números; a posição do dado ou da roleta é efetivamente aleatória, e para ganhar nesses jogos é preciso uma boa dose de sorte ou grande habilidade em calcular probabilidades e riscos.

Probabilidades muito simples são fáceis de calcular – se jogarmos uma moeda, há 1 em 2 chances de sair cara e a mesma chance de sair coroa. Se jogarmos a moeda muitas vezes, provavelmente obteremos o mesmo número de caras e coroas. Isso foi observado pela primeira vez pelo matemático suíço Jakob Bernoulli em um tratado publicado postumamente em 1713. Ele reconheceu que o resultado é tão óbvio que mesmo uma pessoa muito estúpida poderia notá-lo, mas ele ainda tem o crédito por ter passado 20 anos desenvolvendo uma demonstração rigorosa para explicar por que isso é verdade. Ele chamou isso de Golden Theorem (Teorema de Ouro), mas é hoje conhecido como a Lei dos Grandes Números. Os cassinos dependem dela; embora um jogador individual possa ter um golpe de grande sorte, com o tempo o cassino pode esperar reter 5,3 por cento de todo o dinheiro que passou pela roleta.

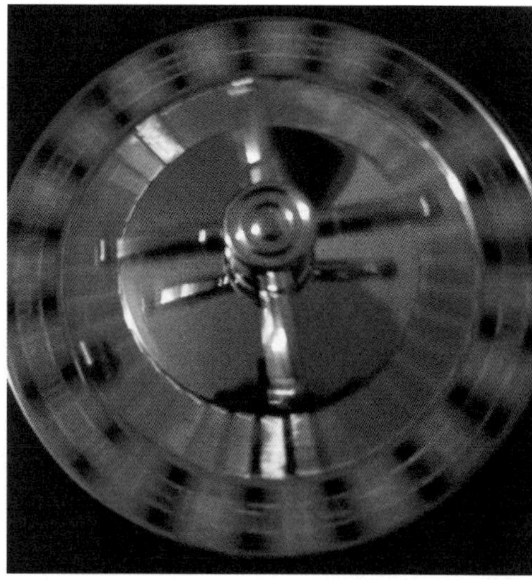

Embora seja possível "quebrar a banca" em um intervalo de tempo curto, o cassino tem certeza razoável de ganhar a longo prazo.

Entre as probabilidades óbvias e a Lei dos Grandes Números, problemas de probabilidade tornam-se mais complexos. Quais são as chances de se obter coroa exatamente cinco vezes em seguida? Se jogarmos três dados, qual é a chance se obtermos três seis?

Precisamos fazer algum trabalho com probabilidades para poder calcular; a chance de obtermos coroa cinco vezes seguidas é 1 em 2^5 = 1 em 32; a chance de obter três seis é 1 em 6^3 = 1 em 216.

Por muitos dos milhares de anos que o povo passou apostando em jogos de azar, eles não tinham uma maneira de calcular as probabilidades de diferentes resultados além daqueles poucos que são muito óbvios ou para os quais é fácil enumerar as possibilidades.

DADOS E CAOS

Embora a posição de um dado ou o girar de uma roleta sejam efetivamente aleatórios, eles são na realidade eventos determinados. A posição inicial e todas as condições presentes, incluindo a direção e força do impulso, a superfície da mesa e as características exatas do dado determinarão o resultado. No entanto, há muitas condições, e sua medida é muito difícil, para que o resultado seja modelado ou calculado.

Um Jogo de Azar

Probabilidade – a chance ou possibilidade de um evento acontecer – entrou para a matemática no século 17 e foi no contexto dos jogos de azar. Embora Gerolamo Cardano tenha escrito sobre jogos de azar em 1520 (veja página 136-7), seu trabalho não foi publicado até 1633, e assim ele perdeu para Fermat e Pascal. Em uma série de cartas, o par discutia um problema proposto por um jogador, o Chevalier de Méré:

> *Dois jogadores estão fazendo um jogo de azar perfeito no qual cada um apostou 32 moedas. O primeiro a vencer três vezes seguidas ganha tudo. No entanto, o jogo é interrompido após apenas três jogadas. O jogador A ganhou duas vezes e o jogador B ganhou uma vez. Como eles podem dividir o premio de forma justa?*

Os dois matemáticos chegaram à distribuição 3:1 em favor do jogador A, embora eles tenham chegado à solução através de métodos diferentes.

Fermat deu sua resposta em termos de probabilidades. Mais dois jogos é o máximo que seria necessário para decidir o jogo, e há quatro resultados possíveis: AA, AB, BA, BB. Somente a última possibilidade faria B ser o ganhador, assim ele tem uma chance de 1 em 4 e deveria receber um quarto do prêmio. Pascal propôs uma solução baseada na expectativa. Supondo que B ganhe a próxima rodada, cada jogador teria um direito igual de 32 moedas. O jogador A receberia 32 moedas de qualquer forma, pois já ganhou duas vezes. A chance de B ganhar a próxima jogada é 50 por cento, assim ele teria metade das 32 moedas resultantes. O jogador A também uma chance de 50 por cento de ganhar, e deveria receber as restantes 16 moedas. Assim, o jogador A recebe 48 moedas e o jogador B recebe 16 moedas. A estratégia de Pascal foi a que ganhou a aprovação entre os matemáticos que lidavam com jogos.

Tudo é Justo...

Embora os jogos de azar continuassem a interessar aos matemáticos, outro ímpeto era a ideia legal de um contrato justo. Em um contrato justo, as partes têm expectativas iguais. Era um conceito importante porque as expectativas justas estavam na essência da justificação do empréstimo de dinheiro. A doutrina cristã condena a usura – obtenção de lucros por empréstimo de dinheiro. Para contornar a dificuldade, as pessoas que emprestavam dinheiro eram consideradas como investidores que colocavam seu dinheiro em risco e poderiam de forma justa esperar compartilhar dos lucros.

Até o século 17, as taxas para empréstimos e rendas anuais eram fixadas sem nenhuma consideração por qualquer conceito matemático de risco, ou como este poderia ser calculado. O primeiro tratado sobre cálculo de riscos apareceu na Holanda em 1671, produzido por Jan de Wit após consultar Christiaan Huygens. Naquele tempo, as rendas anuais eram vendidas pelo estado para levantar fundos, muitas vezes para financiar guerras.

O retorno era sempre um séti-

Jan de Wit percebeu que o risco deveria governar taxas de retorno.

mo do valor do investimento, pago a cada ano até a morte do investidor. A idade ou estado de saúde do investidor não era levada em conta. Está claro que, sem qualquer avaliação sobre quanto tempo o estado deve pagar para o investidor, isso poderia sair muito caro. Embora Wit pudesse perceber as falhas no sistema, não havia naquele tempo nenhum dado sobre mortalidade em diferentes idades, assim pouco se podia fazer para melhorar o sistema – e pouco foi feito. Somente em 1762 é que uma empresa de seguros em Londres, a Equitable, começou a calcular suas políticas com base no risco calculado, ou probabilidade.

Deus Existe – Provavelmente

A probabilidade não se tornou um conceito matemático exato até o século 18, e era ainda geralmente considerada uma ideia indistinta no bom senso do século 19. O matemático francês Pierre-Simon de Laplace (veja página 178) referia-se à probabilidade como "bom senso reduzido ao cálculo."

Curiosamente, uma ligação entre chance e religião tornou-se um assunto importante da teologia natural no século 18. John Arbuthnot (1667-1735) produziu uma evidência de que Deus definitivamente existe a partir de um estudo de estatísticas de batismo em Londres entre 1629 e 1710. Ele mostrou que nasciam mais meninos do que meninas – 14 meninos batizados para cada 13 meninas –, embora na idade de casamento, ambos os sexos estivessem equilibrados. Se assumirmos que a chance de uma criança nascer menino é 0,5, a chance de nascerem mais meninos do que meninas a cada ano durante 82 anos é $0{,}5^{82}$. O mesmo padrão de mais nascimentos masculinos é encontrado no mundo todo. Arbuthnot tomou isso como uma irrefutável evidência da divina providência em ação, ajustando a sociedade para o equilíbrio perfeito (não parece ter ocorrido a ele que a divina providência poderia igualmente bem ter matado menos garotos até a idade adulta, evitando assim o sofrimento dos pais e ao mesmo tempo obter o equilíbrio necessário).

O argumento foi geralmente aceito e refinado. No entanto, Nicolas Bernoulli, o matemático suíço mais racional, sugeriu

A APOSTA DE PASCAL

Em 1657-58, Blaise Pascal escreveu um ensaio filosófico no qual ele descrevia a "aposta" que um cético poderia fazer. O castigo por não acreditar em Deus (o Deus cristão, para Pascal) poderia ser a desgraça eterna; no entanto, o custo de acreditar em Deus se por acaso ocorresse de Ele não existir seria mínimo. No máximo, a pessoa que optou por acreditar em Deus teria de renunciar a alguns prazeres e passar algumas horas infrutíferas na igreja. Embora o cético possa achar que a chance de Deus existir seja muito pequena, o custo de perder a aposta é tão alto e o preço da crença comparativamente tão baixo, que seria melhor acreditar do que não acreditar.

que talvez a probabilidade de um nascimento masculino não era exatamente 0,5, mas 0,5169, que produziria exatamente o resultado necessário sem necessidade da intervenção divina.

Tomando Decisões

Assim como a aposta de Pascal, muitas decisões que podem ser influenciadas por um conhecimento da probabilidade são também afetadas por uma percepção mais subjetiva dos resultados desejados e o conceito conhecido como "utilidade marginal". Imagine uma loteria nacional, na qual os bilhetes custam um ducado (uma moeda em uso em grande parte da Europa no século 18) e o prêmio é de um milhão de ducados. Para um homem pobre, um ducado é muito valioso, e o prêmio imensamente grande. Para um homem rico, um ducado é de pouco valor, embora o prêmio seja ainda valioso. O homem rico pode, com muito mais facilidade, apostar um ducado do que o homem pobre, mas como ele tem menos necessidade do prêmio, ele pode não se interessar. Embora a probabilidade de ganhar seja igual para ambos, a decisão sobre comprar um bilhete é muito diferente para cada um deles.

Nos anos 1750 e 1760, a inoculação contra a varíola era um assunto típico em debate. A inoculação usava vírus vivos de varíola e em um pequeno número de casos produzia a varíola (a vacina de Jenner produzida pela varíola da vaca foi uma descoberta posterior e mais segura). A varíola era muito comum, muitas vezes mortal, mesmo quando não era fatal, frequentemente levava a graves sequelas como cegueira ou dano cerebral. Alguém que não tivesse tomado a vacina tinha uma grande chance de contrair a doença algum tempo no futuro, e uma chance em sete de morrer pela doença. Quem tomava a vacina tinha uma pequena chance (não medida) de morrer imediatamente pela varíola contraída pela inoculação, mas por outro lado não tinha virtualmente nenhum perigo de morrer de varíola no futuro. O cálculo puramente matemático, feito por Daniel Bernoulli, sugeria que havia apenas uma escolha sábia – a inoculação. Mas o matemático francês Jean Le Rond d'Alembert, entre outros, argumentava que muitas pessoas podem preferir a melhor chance de sobreviver nas próximas duas semanas, e não a garantia da segurança no futuro (nos dias de hoje, muitas pessoas ainda preferem as vantagens imediatas e não os benefícios futuros).

Independência

As pessoas não são afetadas apenas pela utilidade marginal e a preferência que d'Alembert observou pelos benefícios de curto prazo. Elas podem também ser influenciadas pela superstição que não tem nenhum fundamento da probabilidade estatística.

Imagine lançar uma moeda dez vezes; a probabilidade de obter cara todas as vezes é 1 em 2^{10}. Suponha que na primeira vez sai cara. Agora a probabilidade de sair cara nas dez vezes é 1 em 2^9. Se nas primeiras nove jogadas der cara, a probabilidade de dar cara nas dez vezes é 1 em 2. Agora suponha que você quer voar em um avião. Você sabe que as chances de morrer em um acidente aéreo são, digamos, 1 em um milhão em determina-

Os seres humanos parecem gostar de jogar com seu futuro a longo prazo se isso significa ganhar no curto prazo.

IMUNIZAÇÃO EM MASSA

Algumas doenças foram completamente ou quase completamente erradicadas por programas nacionais de vacinação. Um exemplo é o sarampo, que já foi endêmico no mundo ocidental, mas agora é raro em países com programas de vacinação. No entanto, os temores sobre a segurança da vacina na década de 90 levaram a uma redução na vacinação das crianças no Reino Unido, e o sarampo começou a aparecer novamente. Enquanto a grande maioria de uma população tem imunidade, um pequeno número de indivíduos não protegidos se beneficia da "imunidade em massa", pois a doença não consegue se estabelecer entre a população vacinada. No entanto, a medida que aumenta o número de indivíduos não protegidos, a presença da doença aumenta até se espalhar entre toda a população não protegida.

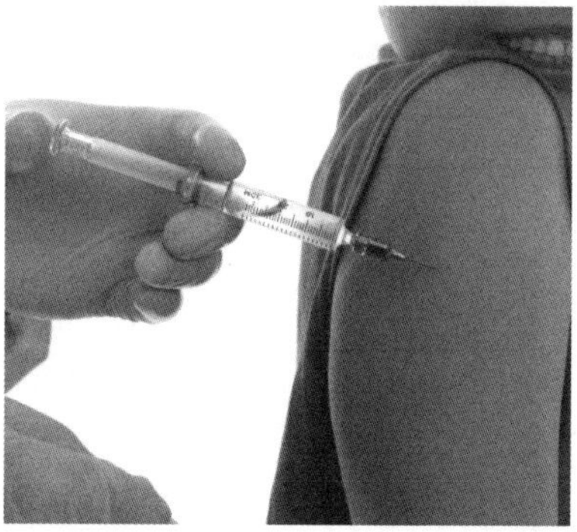

O dilema enfrentado pelos pais que não estavam convencidos sobre a segurança da vacina é semelhante ao daquelas pessoas que tinham que optar pelas primeiras vacinas da varíola. Para a sociedade como um todo, havia uma dimensão moral – seria justo que alguns indivíduos evitassem o (possível) risco apresentado pela vacina e dependessem do benefício da imunidade em massa adquirido ao custo de cada um assumir aquele risco? Para os matemáticos e médicos, havia uma questão diferente: que proporção da população poderia permanecer não vacinada antes que sua segurança fosse comprometida?

do voo (esta não é a probabilidade real). Você já fez 1.000 voos com segurança. As suas chances de morrer desta vez são ainda uma em um milhão – os voos anteriores não afetam essa probabilidade. Nesse caso os eventos são independentes; mesmo que você tenha feito 999.999 voos com segurança – ou dez milhões – as chances de morrer no próximo voo ainda seriam 1 em um milhão. Mas não parece ser assim para muitas pessoas. A percepção muitas vezes é que se tivemos "sorte" até agora, essa nossa sorte pode estar se acabando. Pode funcionar de outra maneira também. Pessoas podem jogar no mesmo número da loteria todas as semanas porque elas acreditam que aquele número "deve sair mais cedo ou mais tarde". Poucas pessoas escolhem os números 1, 2, 3, 4, 5, 6 porque elas acreditam (irracionalmente) que esta combinação é menos provável do que qualquer outra. Essa tendência ainda não desapareceu nas pessoas antigas que acreditavam que o número 3 tinha propriedades especiais, ou aquelas que usavam um quadrado mágico para proteção.

INTERDEPENDÊNCIA

Ao optar por embarcar em um avião, as pessoas estão lidando com eventos aleatórios – elas não têm controle se o avião vai ou não cair. Uma situação mais dificil para os matemáticos modelarem é aquela em que as ações de uma pessoa são depen-

John von Neumann foi um membro do Instituto de Estudos Avançados de Princeton, um grupo de acadêmicos carinhosamente conhecidos como "semideuses".

dentes ou vinculadas com aquelas de outra pessoa (como a decisão de vacinar uma criança). Isto é estudado pela teoria dos jogos, desenvolvida na década de 1940 pelo matemático húngaro-americano John von Neumann e pelo alemão-americano Oskar Morgenstern.

Apesar de seu nome, a teoria dos jogos lida com assuntos sérios da economia e não com a frivolidade dos jogos. Morgenstern e von Newman viram que os modelos matemáticos desenvolvidos para sistemas em física e outras áreas da ciência eram ferramentas deficientes para trabalhar com economia e outros estudos que envolvem comportamento humano, já que elas eram baseadas em ações de partes desinteressadas. Quando as pessoas fazem escolhas, elas tentam maximizar os benefícios para si próprias. Elas podem também tentar minimizar o prejuízo para os outros – ou podem não dar nenhuma atenção ao impacto sobre os outros, até mesmo agir no sentido de prejudicá-las.

A teoria dos jogos tenta levar em conta os motivos das pessoas que estão agindo na situação que é modelada, bem como muitos outros aspectos relevantes. Por exemplo, jogadores – que podem ser indivíduos, grupos, nações ou corporações – podem estar em competição direta ou podem cooperar com maior ou menor grau. Eles podem estar competindo por um recurso finito ou por recursos infinitos. Eles podem ter todas as informações relevantes, incluindo as ações dos outros jogadores, ou podem ter apenas acesso parcial às informações. Há diferentes modelos da teoria dos jogos para abranger estas e outras possibilidades. A teoria dos jogos muitas vezes produz uma matriz de resultados que podem então ser analisados.

Raciocínio Reverso

Provas como aquela de Arbuthnot de que Deus existe funcionam de forma reversa dos efeitos para as causas – há um mesmo número de homens e mulheres que se casam, portanto, Deus existe. Jakob Bernoulli demonstrou que, se a probabilidade de um evento não é conhecida, ela pode ser inferida examinando-se os resultados do experimento ou observação desde que o observador tenha conhecimento e experiência suficientes. Ele citou como exemplo o fato de que se uma moeda é lançada muitas vezes, a relação entre cara e coroa se aproxima cada vez mais do ideal 1:1. Uma demonstração formal de probabilidade dessa maneira foi feita independentemente por Thomas Bayes e por Laplace, e hoje é conhecida como teorema de Bayes.

Laplace a usou excelentemente para argumentar a probabilidade do sol nascer amanhã, dado nosso conhecimento de que ele tem aparecido todos os dias nos últimos 6.000 anos (que em 1744 era considerado como a idade da Terra).

Laplace e seus contemporâneos tentaram colocar a probabilidade no centro das ciências morais, embora essa tentativa seja de certa forma dúbia. Os filósofos e reformadores do Iluminismo estavam preocupados com o valor dos julgamentos feitos pelo eleitorado e pelos jurados – será que eles tomariam a decisão certa ou elegeriam o candidato certo? Eles trataram isso como um problema de probabilidade. Assumindo que cada membro do júri agisse de forma independente (os jurados franceses não deliberavam) e tivessem uma chance maior do que 0,5 de emitir o veredicto correto, eles definiram o número ótimo de jurados e a maioria necessária para chegar a uma convicção segura. A prática de decidir sobre o número de jurados e a maioria usando probabilidade continuou até 1830. O sistema então caiu em descrédito e um aluno de Laplace, Siméon-Denis Poisson, usou novas estatísticas para produzir um modelo melhor.

No entanto, para que a probabilidade pudesse ser usada eficazmente em qualquer área, eram necessárias informações confiáveis. A estatística e a probabilidade andam de mãos dadas.

PIERRE SIMON, MARQUÊS DE LAPLACE (1749-1827)

O cientista e matemático francês Pierre-Simon de Laplace foi mais famoso por seu trabalho em astronomia e sua aplicação da probabilidade a problemas científicos. Ele era filho de um camponês, e revelou habilidades matemáticas quando era militar na academia em Beaumont. Em 1776, frequentou a Universidade de Caen por um ano, mas mudou-se para Paris, onde Jean d´Alembert o ajudou a obter um cargo de professor na École Militaire. Ele lecionou lá até 1776.

Laplace aplicou a teoria de Newton da gravitação ao movimento dos planetas. Ele aperfeiçoou o modelo de sistema solar daquela época e demonstrou que mudanças aparentes não são cumulativas, mas ocorrem e se corrigem em ciclos previsíveis (Isaac Newton havia sugerido que às vezes era necessária a intervenção divina para pôr o sistema solar em ordem). Laplace foi o primeiro a sugerir que o sistema solar foi formado pelo resfriamento de uma enorme nuvem de gases.

Sua explanação sobre os movimentos planetários o tornou uma celebridade. Laplace foi presidente do Board of Longitude, ajudou a organizar o desenvolvimento e introdução do sistema métrico, e por seis semanas foi ministro do interior sob o reinado de Napoleão.

Amostras e estatísticas

Sem informações sobre as quais basear as decisões, é possível calcular somente as probabilidades mais básicas. Surpreendentemente, só no século 17 as pessoas começaram a reconhecer o verdadeiro valor de se coletar informações numéricas sobre populações e economias. De repente, a estatística estava em todos os lugares e os cálculos estatísticos deram novos *insights* sobre como as sociedades podem funcionar. Pela primeira vez, as conjecturas não ficaram só nos planos, e a ciência da análise estatística que florescia tinha material com que trabalhar e objetivos a atingir.

Contagem de Pessoas

A coleta de informações sobre o número de pessoas que habitam uma determinada área através do censo é algo que tem sido praticado intermitentemente por milhares de anos. Os babilônios, chineses, egípcios, gregos e romanos, todos fizeram censos de população. Na tradição cristã, os pais de Jesus viajaram até Belém logo antes de seu nascimento porque o censo que era realizado a cada cinco anos exigia que todos os cidadãos do Império Romano retornassem a seus locais de nascimento para serem contados.

As informações estritamente básicas coletadas nesses primeiros censos permitiam aos governantes calcular quanto dinheiro podia ser coletado em impostos, quantas pessoas podiam ser recrutadas para o exército ou algum projeto de construção, e quantos alimentos podiam ser produzidos ou seriam necessários. No Egito, o censo era usado também para redistribuir a terra depois das enchentes anuais do Nilo. Mas não era feita nenhuma outra análise dos dados populacionais e eram coletados somente os dados mais básicos. Muitas vezes, os dados do censo não eram confiáveis. Por exemplo, se as pessoas tivessem a expectativa de que o imposto a ser cobrado se baseava no número de pessoas que habitavam uma casa, poderiam não ser declaradas algumas pessoas que ali habitavam.

Em 1066, após a conquista da Bretanha (atual Inglaterra) pelos invasores normandos, William, o Conquistador, fez uma auditoria completa sobre seus novos territórios. Isso incluía um censo e uma listagem de todos os itens de propriedade no território. Isso foi escrito no *Domesday Book* – uma enorme tarefa para o século 11 e que ainda proporciona valiosos dados estatísticos para os historiadores. Depois disso, não houve grande interesse em promover censos regularmente. Embora os bispos em muitas partes da Europa tivessem alguma informação sobre o número de famílias em suas dioceses, havia poucas informações sobre os níveis populacionais. Algumas pessoas até acreditavam que promover censos era um sacrilégio, citando a história da Bíblia onde o Rei Davi tentou promover um censo que foi interrompido por uma terrível peste e nunca foi terminado.

O primeiro censo regular nos tempos modernos foi feito em Quebec, Canadá, em 1666. Na Europa, a Groenlândia foi a primeira em 1703, seguida da Suécia em 1749. Os Estados Unidos fizeram seu primeiro censo, a ser repetido a cada dez anos, em 1790, e o Reino Unido em 1802; os Estados Unidos tinham pouco menos de 4 milhões de habitantes e o Reino Unido 10 milhões (em estimativas anteriores o Reino Unido tinha entre 8 e 11 milhões).

Surgem as Estatísticas

Em 1662, o estatístico inglês, John Graunt, publicou um conjunto de estatísticas sobre os índices de mortalidade em Londres, e em

O CENSO E OS COMPUTADORES

As demandas originadas pelos censos foram um estímulo considerável ao desenvolvimento de auxílios tecnológicos para o cálculo. A primeira máquina para trabalhar com dados de censo foi usada em 1870. Os dados dos censos eram transcritos em uma fita de papel que aparecia através de uma pequena janela. Em 1884, Herman Hollerith (1860-1929) conseguiu a primeira patente para armazenamento de dados em cartões perfurados e organizou os dados sobre saúde para Baltimore, Maryland, New York e New Jersey, que lhe proporcionou o contrato para tabular o censo de 1890. O enorme sucesso desse censo abriu outros mercados a Hollerith e suas máquinas foram usadas na Europa e na Rússia. Ele incorporou sua Tabulating Machine Company em 1896, que mais tarde veio a se tornar a IBM.

Hollerith produziu um tabulador mecânico baseado na ideia de que todos os dados pessoais podiam ser codificados numericamente.

1680 o economista político, William Petty, publicou uma série de ensaios sobre "aritmética política", que proporcionava registros estatísticos com cálculos – alguns muito bizarros, como o valor monetário de todas as pessoas na Irlanda. Em geral, os governantes estimulavam ou financiavam pesquisas estatísticas e guardavam os resultados cuidadosamente, usando-os para aumentar o poder do estado. Eles ainda estavam ligados à superstição e seguiam métodos totalmente não científicos. Um dos mais famosos "aritméticos políticos" foi o prussiano Johann Süssmilch, que publicou três volumes durante mais de vinte anos, terminando em 1765, provando novamente a existência de Deus revelada na harmonia das estatísticas sociais.

Outras estatísticas foram coletadas por cientistas, profissionais de diferentes tipos e humanitários. Sem dúvida, havia um entusiasmo crescente pelas estatísticas, que se tornou algo como uma mania durante o início do século 19. De repente, tudo era estudado, contado, auditado – o clima, agricultura, movimentos populacionais, as marés, a terra, o magnetismo terrestre... Os países europeus que tinham impérios avaliavam suas novas aquisições e promoviam censos em suas colônias. Quando os americanos começaram a ocupar o oeste à procura de mais terras, eles mapearam e registraram seus recursos.

A Sociedade Deve Ser Culpada

O matemático belga, Adolphe Quetelet (1796-1874), foi um campeão das estatísticas como base do estudo social que ele chamou de "física social". Ele examinou dados de todos os tipos, usando as técnicas comuns em algumas disciplinas cientificas reunindo uma vasta coleção de dados

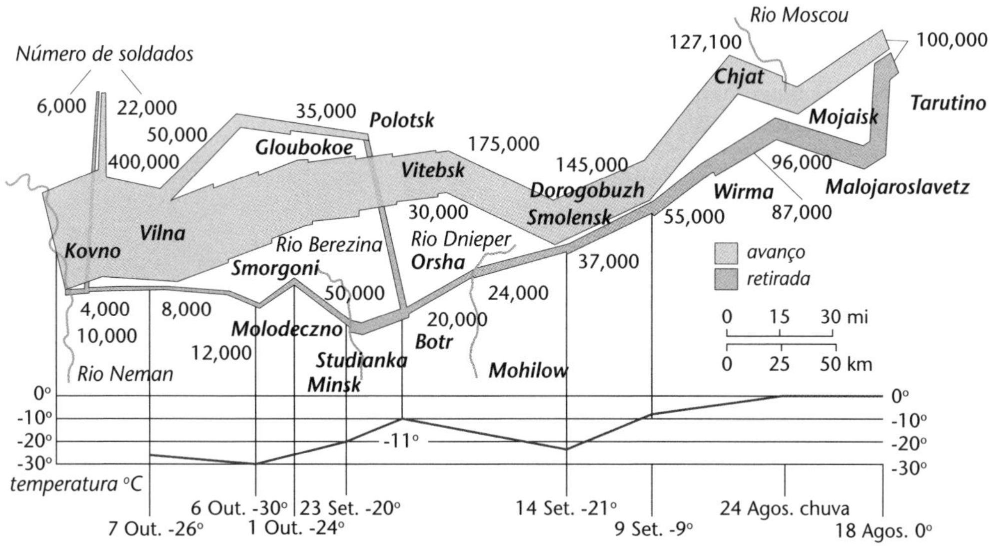

Uma das melhores representações gráficas de estatísticas já feita é o gráfico de Charles Minard sobre a desastrosa campanha de Napoleão na Rússia em 1812. Ela mostra a mortalidade no caminho para Moscou e na volta juntamente com uma correlação da temperatura. A largura das linhas verde e laranja representa o tamanho do exército, mostrando como ele vai definhando. Somente 4% dos soldados retornaram da campanha.

e procurando por padrões emergentes. Para sua surpresa, ele os encontrou em todos os lugares, não apenas nas áreas onde se supunha que a divina providência estava operando.

Particularmente, ele veio a descobrir que os dados sobre crimes seguiam um padrão previsível. Ele conjecturou que isso era um produto da sociedade e não dos indivíduos, e que, embora um criminoso individual possa ser capaz de resistir ao ímpeto de cometer um crime, o padrão geral das taxas de criminalidade é pouco alterado pelas ações individuais. Ele percebeu que o estudo adequado era das taxas de criminalidade, e não dos criminosos, e que a solução apropriada para o crime está na ação social, incluindo a educação e melhora no sistema judicial. Ele tinha certeza de que um uso cuidadoso das estatísticas para examinar os efeitos de mudanças e sugerir direções para as futuras mudanças produziria os resultados desejados.

A tese de Quetelet originou certo debate sobre o aparente conflito entre a estatística e a doutrina do livre-arbítrio – se as taxas de criminalidade podem ser determinadas por métodos estatísticos e não estão mudando com o tempo, qual é a liberdade que os indivíduos realmente têm sobre suas ações?

A Estatística Chega à Ciência

Curiosamente talvez, somente nos meados do século 19 as estatísticas começaram a ser aplicadas à ciência com o mesmo entusiasmo e rigor com que tinham sido aplicadas às ciências sociais. Em 1870, o físico escocês James Clerk Maxwell muitas vezes explicava sua teoria dos gases referindo-se às estatísticas sociais. A partir do gran-

FLORENCE NIGHTINGALE (1820-1910)

Causas de mortalidade no exercito no Leste, Abril de 1854 a Março de 1855

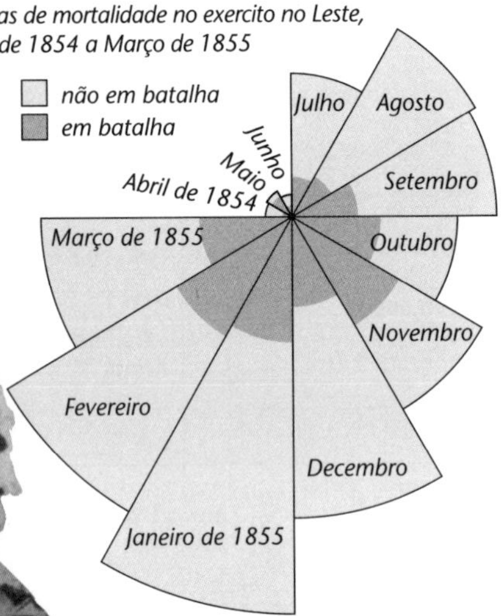

Florence Nightingale desfrutou de uma infância privilegiada na Inglaterra, onde seu pai lhe ensinou línguas, filosofia, história e matemática. Ela dizia ter recebido uma mensagem de Deus dizendo que ela tinha uma vocação e quis ser treinada como enfermeira. Sua família foi contra e ela então se tornou uma especialista em saúde pública. Posteriormente, ela estudou enfermagem e, durante a Guerra da Crimeia (1854-56), ficou encarregada do hospital em Scutari, na Turquia, onde revolucionou os cuidados de saúde dos soldados feridos. Ela fez extensas anotações e quando a guerra terminou, as juntou em um longo relatório a partir das estatísticas que havia reunido. Ela usou novas maneiras de apresentar as informações em gráficos, como o gráfico "coxcomb" (acima à direita).

Nightingale trabalhou incansavelmente para melhorar as condições no exército Britânico. Ela fundou a primeira escola de treinamento para enfermeiras no mundo, a Nightingale School for Nurses em Londres, e estabeleceu as bases para a profissão de enfermagem.

Nightingale foi pioneira na análise e apresentação de estatísticas. Os gráficos "Coxcomb" foram idealizados para serem entendidos por qualquer pessoa.

de número de movimentos aleatórios de moléculas ele derivou as leis da termodinâmica – ordem a partir do caos. Ele argumentou que, assim como as estatísticas que relacionam o crime ou suicídio podem produzir resultados consistentes a partir de atos desordenados de indivíduos, assim também resultados previsíveis em larga escala poderiam ser extraídos de atos que são imprevisíveis em pequena escala. Mas para que a estatística pudesse ser aplicada, ela tinha que se desenvolver como uma disciplina matemática. Métodos matemáticos aplicados especificamente à estatística começaram a surgir no fim do século 18 e proliferaram rapidamente.

> *"[Os estatísticos] já superaram todos os ramos da ciência com uma rápida conquista comparável apenas a Átila, Maomé e o Besouro da batata."*
>
> Maurice Kendall, 1942

Matemática estatística

Abraham de Moivre foi um pioneiro em geometria analítica e na teoria da probabilidade, sendo o primeiro a notar a curva de distribuição normal.

O Que é Normal?

Abraham de Moivre (1667-1754) foi a primeira pessoa a notar a curva característica em forma de sino da distribuição normal (veja abaixo). A curva representa a frequência ou probabilidade de valores em relação aos próprios valores. Os resultados que ocorrem com maior frequência estão no topo, representando o valor médio; os resultados que se desviam mais desse valor normal e ocorrem com menor frequência estão nas partes mais baixas da curva. A inclinação da curva é determinada pelo grau de variação dentro da amostra. Dizemos que aproximadamente 68 por cen-

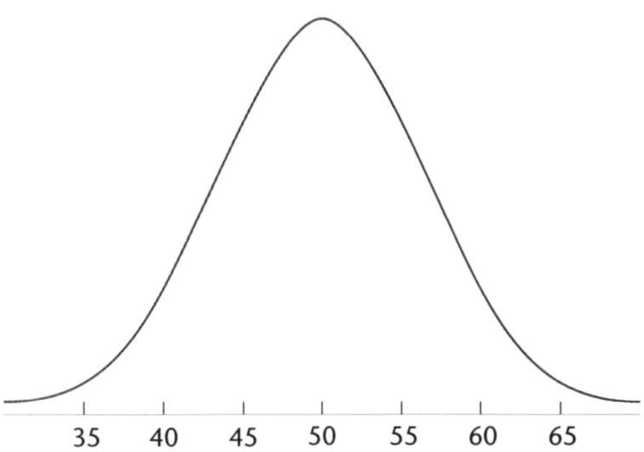

to dos valores na distribuição normal estão dentro de um desvio padrão da normal.

A curva de distribuição normal e o conceito de desvio padrão da normal foram amplamente usados para avaliar estatísticas em muitos campos diferentes. Laplace usou o modelo também, em seus estudos de probabilidade, particularmente aplicando probabilidade a um número muito grande de eventos. Quetelet argumentou que virtualmente todos os traços humanos se relacionam com a curva de distribuição normal, desde os atributos físicos como a estatura até características psicológicas como propensão a se casar ou cometer suicídio.

Trabalhando com o Erro

No início do século 19, houve um crescimento rápido dos métodos matemáticos envolvendo estatística. O trabalho de medir a circunferência longitudinal da Terra para determinar o comprimento do metro (sendo 1/40.000.000 da circunferência) precisava de métodos estatísticos para lidar com erros e inconsistências nas medições geodésicas. Em 1805, o matemático francês Adrien-Marie Legendre (1752-1833) propôs uma técnica que veio a se tornar conhecida como o método dos "mínimos quadrados". Ele tomou valores que minimizavam as somas dos quadrados dos desvios em

Adrien-Marie Legendre tem uma cratera na Lua com seu nome.

MÉTODO DOS MÍNIMOS QUADRADOS

O método dos mínimos quadrados calcula a melhor linha através de uma série de pontos procurando a menor soma possível dos quadrados dos desvios em relação à linha de todos os pontos. São usados quadrados para eliminar a dificuldade que se tem quando se trata com desvios positivos e negativos, pois quando são elevados ao quadrado ambos produzem um resultado positivo.

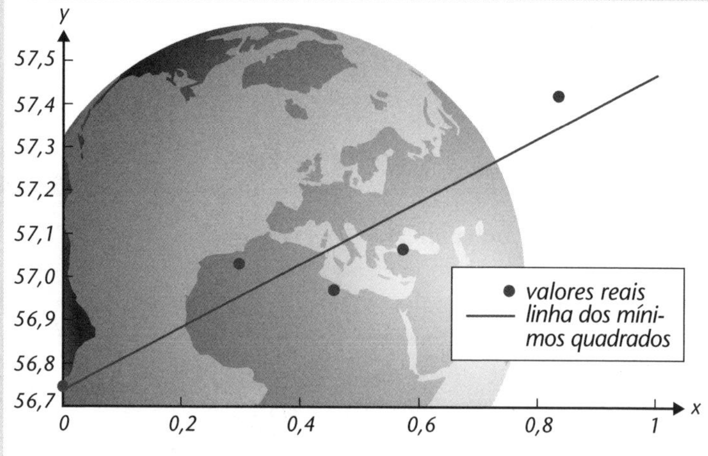

um conjunto de observações a partir de um ponto, linha ou curva traçada através deles. Gauss se interessou pelo método e mostrou, em 1809, que isto dava a melhor estimativa se assumirmos que os erros nas medidas seguem a distribuição normal.

O método dos mínimos quadrados foi aplicado à estatística em todos os campos, e tornou-se a ferramenta principal dos estatísticos no século 19. Muitas vezes foi usado para estimar populações inteiras a partir do estudo de uma pequena amostra.

APERFEIÇOANDO A HUMANIDADE

Francis Galton, um primo de Charles Darwin, teve interesse na variação representada pela distribuição normal e desvios padrão. Ele usou um modelo, o Galton Board, para mostrar como se obtém uma distribuição normal (veja abaixo). Um conjunto de pinos é arranjado em forma de triângulo acima de uma fileira de conchas. Esferas de rolamento soltas no topo do triângulo descem batendo nos pinos até cair no recipiente. Algumas caem nos

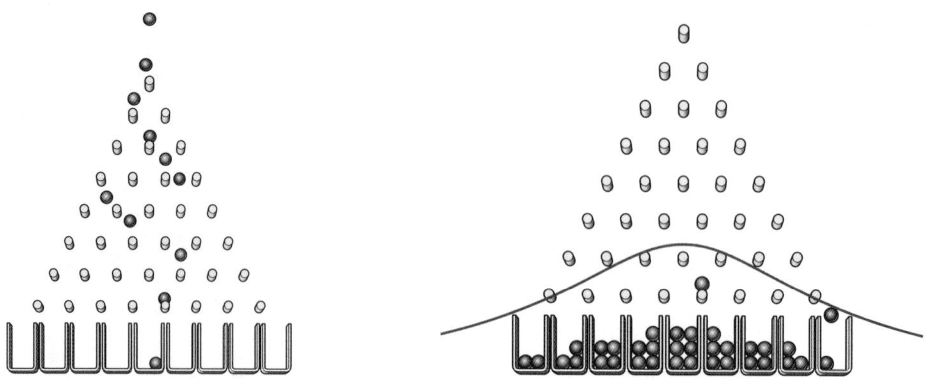

As esferas de rolamento que caem pelo Galton Board são desviadas para os recipientes em baixo. A distribuição das esferas nos recipientes demonstra uma curva de distribuição normal.

recipientes mais externos, mas a maioria cai nos recipientes do meio, formando uma curva de distribuição normal.

Galton aplicou ideias estatísticas à hereditariedade para mostrar como a variação tende a ser criada, e as gerações de um organismo tendem a reverter a níveis similares de variância.

Assim as crianças nascidas de pais excepcionais podem ser também excepcionais, pelo menos de alguma forma no todo, elas tendem a voltar à população geral como um todo. Galton conduziu sua pesquisa em uma direção inquietante, tornando-se o fundador do movimento da eugenia que pretendia direcionar a evolução humana em direção à perfeição. Ele queria cultivar "bons genes" da mesma maneira como os criadores de gado selecionam os melhores genes nas fazendas de criação de animais.

Embora no início ele estivesse interessado em genética e hereditariedade, Galton identificou a aplicação de seus métodos estatísticos a outras áreas e explorou a adaptação das ferramentas que ele havia desenvolvido.

CORTEJANDO O ACASO

Os desenvolvimentos em estatística tinham como fim permitir que informações de uma pequena amostra de dados fossem extrapoladas ou aplicadas a uma população maior. Escolhendo a taxa de criminalidade ou de casamentos ou doenças herdadas em uma amostra da população humana, por exemplo, os pesquisadores esperavam chegar a conclusões sobre a taxa para a população inteira. Os resultados de qualquer pesquisa estatística dependem, naturalmente, da qualidade da amostra medida. O chefe do Norwegian Central Bureau of Statistics, A. N. Kiaver, queria obter amostras que abrangessem toda a gama de variáveis representativas na população, como velhos e novos, ricos e pobres. O estatístico inglês Arthur Bowley foi um dos primeiros a tentar introduzir a aleatoriedade na amostragem. O estatístico polonês, Jerzy Neyman, juntou esses dois conceitos em 1934, tentando assegurar que uma amostra incluísse representantes das principais variáveis, mas que os indivíduos incluídos deveriam ser escolhidos ao acaso. O primeiro sucesso dessa técnica de amostragem estratificada veio em 1936, quando a pesquisa promovida por George Gallup previu a reeleição de Franklin D. Roosevelt nos Estados Unidos, enquanto que uma amostragem maior e não estratificada previu confidencialmente (e de forma errada) o resultado oposto. Gallup se baseou em uma amostra de apenas 3.000 eleitores, enquanto que o Literary Digest, o pesquisador con-

A reeleição por larga margem de Franklin D. Roosevelt em 1936 não foi surpresa para Gallup que tinha usado amostragem estratificada para prever esse resultado.

"Nada é mais perigoso do que viver na atmosfera temperamental de uma Pesquisa Gallup, medindo sempre a temperatura de alguém."
Winston Churchill

corrente, consultou 10 milhões. Roosevelt venceu com a maior margem na história americana. Uma amostra grande não é uma garantia de uma amostra representativa ou de um resultado preciso.

O projeto experimental caminhou lado a lado com o desenvolvimento das ferramentas estatísticas. O uso de um grupo de controle para comparar com o grupo experimental, e a alocação aleatória de indivíduos para o controle ou grupo experimental, surgiu como um procedimento padrão no início do século 20. Particularmente, o geneticista e estatístico britânico Sir Ronald Aylmer Fisher (1890-1962) reformulou o projeto de experimentos em muitos campos, incluindo a psicologia, medicina e ecologia depois da Segunda Guerra Mundial. Ele começou sua pesquisa em genética, onde ele usou análise estatística para resolver inconsistências na teoria de Darwin da evolução que tinha sido construída pelo trabalho experimental sobre hereditariedade do botânico austríaco Gregor Mendel. Ele desenvolveu o método – que hoje parece ridiculamente óbvio – de variar somente uma condição de cada vez em um experimento e comparar os resultados com um grupo de controle. Embora experimentos anteriores tenham feito isso até certo grau, foi considerado imoral no que se refere a assuntos humanos, e assim o uso rigoroso de grupos de controle e alocação aleatória de indivíduos para o grupo de controle ou experimental não tinha sido praticado anteriormente.

O gerador de números aleatórios lavarand desenvolvido por Bop Mende em 1996 produzia números aleatórios usando um programa de computador semeado com fotografias digitais dos padrões produzidos por lâmpadas de lava.

A DIFICULDADE DE SER ALEATÓRIO

Não é somente na amostragem que a aleatoriedade é desejada ativamente. Nos jogos de azar para altas apostas, é imprescindível certificar-se de que os eventos que se supõe que sejam aleatórios o sejam de fato. A criptografia também necessita de números aleatórios. Isto é muito mais difícil do que parece à primeira vista. Conforme demonstra a teoria do caos, muitos eventos que parecem aleatórios na realidade não são, mas são governados por leis complexas e uma grande quantidade de variáveis.

Os sistemas usados para escolher os números para sorteios de grande escala como as loterias nacionais são cuidadosamente planejados para remover, tanto quanto possível, todas as influências nos métodos de seleção. É muito difícil produzir algoritmos de computador para escolher números aleatórios, de forma que muitas loterias usam métodos mecânicos (estes têm também a vantagem de parecerem mais espetaculares do que os computadores). Computadores que podem gerar números verdadeiramente aleatórios fazem isso usando uma fonte física, como por exemplo o ruído atmosférico (www.random.org).

Fisher também achava que se devia repetir os experimentos e examinar a variação nos resultados para determinar a margem de erro. Sendo o estatístico mais influente do século 20, Fisher resumiu suas descobertas em um importante texto, Statistical Methods and Scientific Inference (1956). Um de seus desenvolvimentos mais importantes foi na análise da variância (chamada ANOVA), que procura os pontos em uma amostra que se desviam da normal. Ela é usada para determinar se os resultados são ou não estatisticamente significativos – ou seja, se eles têm a possibilidade de refletir uma tendência real, mudança, ou causa, ou se eles apareceram por acaso.

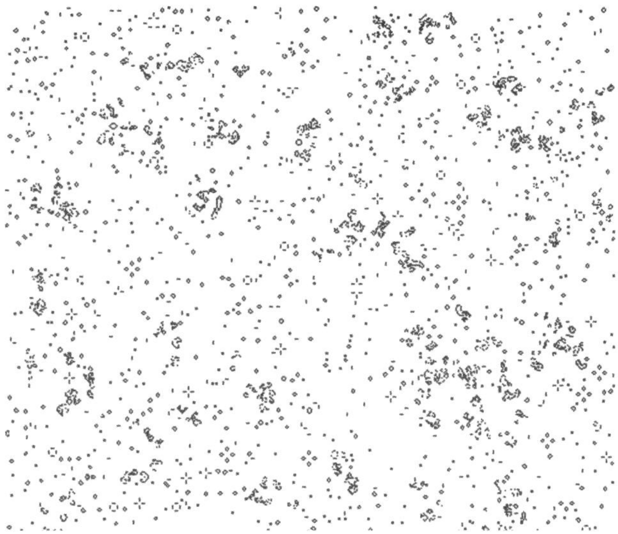

O "Game of Life" (Jogo da Vida) do matemático inglês John Conway rapidamente ganhou adeptos por simular a vida, morte e mudanças em uma "sociedade de organismos vivos".

Computadorização

A tarefa pesada de calcular com grandes conjuntos de dados tornou-se mais fácil com a difusão dos computadores. Enquanto os estatísticos de antigamente tinham a enorme tarefa de executar cálculos manualmente para cada ponto de dados, seus correspondentes modernos podem colocar todos os dados diretamente no computador e deixar que ele aplique as ferramentas estatísticas necessárias e forneça as análises e os gráficos. Muitas vezes, os dados são até coletados diretamente pelos computadores através de sensores. Podemos agora lidar com os imensos conjuntos de dados, tão grandes que não poderiam ser manipulados em uma vida toda sem os computadores. Isso significa que a análise estatística pode ser aplicada em todas as áreas da vida, determinando padrões e projetando resultados em áreas tão diversas quanto o efeito da educação infantil nas taxas de criminalidade, a possível propagação de doenças epidêmicas e os efeitos do aquecimento global.

Uma ilustração famosa da importância das condições iniciais é o "Jogo da Vida" de John Conway (1970). Trata-se de um autômato celular – uma simulação de computador de uma população ou universo em evolução no qual um organismo inicial, ou autômato, faz cópias de si mesmo e essas cópias podem ter sucesso ou falhar de acordo com várias condições (como excesso de população, falta de recursos, etc.). Conway o criou em resposta a um problema apresentado por John von Neumann na década de 40, relacionado com a construção de uma máquina que poderia fazer cópias de si mesma. O "Jogo da Vida" não é um jogo no sentido usual da palavra, pois não há jogadores ativos.

SETI@HOME

O projeto SETI – Search for Extra-Terrestrial Intelligence – coleta dados de rádio do espaço de forma contínua, e está começando a procurar também por pulsos de luz de laser. Sua finalidade é "explorar, entender e explicar a origem, natureza e prevalência da vida no universo". A tarefa do SETI é examinar os conjuntos de dados cada vez maiores à procura de padrões que possam indicar uma transmissão de radio deliberada. Para isso, eles pedem a voluntários no mundo todo que instalem um protetor de telas (*screensaver*) que importa blocos de dados do SETI através da internet e os processa no computador enquanto este não está sendo usado. Dessa forma, o SETI utiliza milhões de horas de tempo livre de computadores nos computadores pessoais no mundo todo. Cada PC manda seus resultados de volta para o SETI e quaisquer padrões são marcados para uma maior investigação. Uma tarefa incrivelmente grande de análise estatística está sendo executada com pouco custo, e muito mais rapidamente do que poderia ser realizada usando computadores dedicados.

Procurando por sinais de vida: antenas de radio que formam parte do observatório astronômico Very Large Array em Novo México, USA.

A equação SETI

É sugerida a equação de Drake (1961) como uma maneira de calcular o número provável de planetas que tenham inteligência na Via Láctea:

N = R* x fp x ne x fl x fi x fc x L

onde

N = número de civilizações na Via Láctea cujas emissões eletromagnéticas são detectáveis
R* = a taxa de formação de estrelas adequadas para o desenvolvimento da vida inteligente.
fp = a fração daquelas estrelas com sistemas planetários.
ne = o número de planetas em cada sistema solar com um ambiente adequado para a vida.
fl = a fração de planetas adequados nos quais a vida realmente aparece.
fi = a fração de planetas com capacidade de vida nos quais aparece a vida inteligente.
fc = a fração de civilizações que desenvolvem uma tecnologia que libera sinais detectáveis de sua existência no espaço.
L = o intervalo de tempo durante o qual essas civilizações liberam sinais detectáveis.

> *"Nada no universo é único e solitário, portanto em outras regiões deve haver Terras habitadas por diferentes tribos de homens e rebanhos de animais."*
>
> Lucretius, 50 a.C.

Depois que o instigador define as condições iniciais, é feito o jogo, produzindo gerações que florescem ou morrem de acordo com as consequências das condições iniciais. O jogo original usava populações de quadrados coloridos em uma grade, mas ele gerou toda uma indústria de jogos de simulação em computador, alguns deles extremamente complicados, que produzem populações de criaturas ou outras entidades. O interesse no autômato celular que cresce no jogo de Conway encontrou aplicação em muitos campos, incluindo pesquisa em populações humanas, animais e virais, crescimento de cristais, problemas econômicos e muitas outras áreas nas quais padrões complexos se desenvolvem organicamente.

Continuando

Grande parte do trabalho em estatística nos últimos cem anos ou mais levou à análise de grupos ou conjuntos de dados de maneiras muito complexas. O comportamento dos conjuntos – sejam eles de números ou de qualquer outra coisa – é o assunto da teoria dos conjuntos, primeiro desenvolvida na segunda metade do século 19. O surgimento da teoria dos conjuntos foi um dos desenvolvimentos mais importantes na história da matemática.

CAPÍTULO 8

A morte dos NÚMEROS

A análise de dados reunidos de populações, experimentos e outras fontes leva a uma pesquisa por padrões que podem ser usados para classificar e agrupar itens. O resultado natural disso é dividir itens em conjuntos e compará-los. Tudo no universo pode ser definido por sua participação em conjuntos.

As relações entre esses conjuntos fornecem mais informações sobre os objetos. Quando os matemáticos se voltaram para a teoria dos conjuntos no fim do século 19, eles encontraram um rico filão que proporcionaria métodos para lidar com qualquer coisa.

Na medida em que a teoria dos conjuntos se desenvolveu, ela criou uma linguagem lógica própria que eventualmente voltou-se para si própria. Parecia que a teoria dos conjuntos poderia ser usada para explorar a matemática, para provar teoremas matemáticos e até mesmo para dissecar e analisar a teoria dos conjuntos. Ela permitiu que a matemática abrangesse tudo e ainda se tornasse tão abstrata e confusa que ela aparentemente não servia para nada.

O SETI (página 188) pretende identificar um subconjunto de planetas que abrigam vida.

A teoria dos conjuntos

Bem no início da história dos números, antes que o ser humano começasse a contar, é provável que as pessoas comparassem conjuntos de objetos – há lanças suficientes para que cada caçador tenha uma? Há mais ou menos carneiros no redil do que pedras na pilha de contagem? Na medida em que as exigências do ser humano foram se tornando sofisticadas, os matemáticos se afastaram desses conjuntos de objetos, desenvolvendo um conceito de número que podia ser aplicado universalmente. Agora, milhares de anos depois, os matemáticos voltaram aos conjuntos, mas com uma nova visão – a possibilidade de um conjunto infinito.

Origem da Teoria dos Conjuntos

A teoria dos conjuntos foi desenvolvida por Georg Cantor entre 1874 e 1879. Ele definiu um conjunto como uma coleção definida e identificável de "objetos de percepção ou pensamento" que foram concebidos como algo inteiro. Assim, há um conjunto de inteiros positivos que podem ser considerados como um objeto por si próprio. Mas há também um conjunto de pessoas que trabalham como bombeiros, um conjunto de estruturas moleculares que formam hidrocarbonetos, e assim por diante. Embora o princípio básico seja extremamente simples, o pensamento lógico sobre conjuntos logo chega a conceitos complicados que confundem os limites entre a matemática e a filosofia. Os antigos críticos argumentavam que a teoria dos conjuntos trata somente de ficções, não com qualquer coisa que reflita a realidade, que a teoria violava os princípios da religião e que não era matemática. É verdade que a teoria dos conjuntos é um ramo da matemática pura que pode parecer que tenha pouca aplicação ao mundo do cotidiano. No entanto, ela tem se mostrado imensamente valiosa, permitindo a manipulação de conceitos matemáticos complicados. A teoria dos conjuntos é por si só capaz de ser definida, analisada e refinada aplicando a lógica dos conjuntos a seus conceitos.

> **CHEGAM OS INSULTOS**
>
> Entre os insultos lançados sobre Cantor e a teoria dos conjuntos estava o da "grave moléstia" infectando a matemática (Poincaré), que era "totalmente sem sentido", "deplorável" e "errado", e que os matemáticos estavam "dominados com linguagens perniciosas da teoria dos conjuntos" (Wittgenstein), e que Cantor era um "charlatão científico", um "renegado" e "corrompedor da juventude" (Kronecker).

Conjuntos para Principiantes

O conceito fundamental dos conjuntos é muito simples. Qualquer grupo de objetos ou números, tenham eles uma existência real ou não, formam um conjunto. Qualquer membro individual de um conjunto pode ser um membro de muitos conjuntos. Os conjuntos se sobrepõem, e alguns contêm outros conjuntos (subconjuntos). Um conjunto pode ter um número infinito de membros, caso este em que ele é um conjunto infinito.

A aritmética com conjuntos não é bem equivalente à aritmética com números. Se dois conjuntos são somados (chamamos isso de união de conjuntos), o novo conjunto contém todos os membros de ambos os conjuntos, mas sem nenhum item em duplicata. A intersecção de dois conjuntos contém os membros que fazem parte de ambos os conjuntos. Um conjunto sem nenhum membro é um conjunto nulo, designado por $\varnothing$.

Em geral, a ordem dos elementos em um conjunto não é relevante. Assim, enquanto os pares de coordenadas (x, y) e (y,

GEORG FERDINAND LUDWIG PHILIPP CANTOR (1845-1919)

Georg Cantor era um matemático alemão mais conhecido como o criador da teoria dos conjuntos. Seus pais eram dinamarqueses, mas vieram morar em Frankfurt em 1856. Sua habilidade matemática tornou-se óbvia durante os primeiros anos de sua juventude. Cantor frequentou a universidade de Berlin e Zurich para estudar matemática, filosofia e física. Ele foi aluno de Weierstrass, cujo importante trabalho sobre análise impressionou Cantor. Sua tese de PhD, apresentada em termos simples, tinha como título: *Em matemática, a arte de fazer perguntas é mais importante do que resolver problemas*. Ele se tornou professor em Hale em 1879.

Cantor trabalhou primeiro na teoria dos números, depois passou para a teoria das séries trigonométricas e ampliou o trabalho de Bernhard Rieman. Ele encontrou Richard Dedekind (1831-1916) durante sua lua de mel e a dupla se tornou amigos para a vida toda. A troca de cartas levou Cantor ao seu mais importante trabalho, sobre conjuntos e o conceito de números transfinitos. Ele enfrentou uma poderosa oposição por parte de Leopold Kronecker (1823-91), que bloqueou a publicação de seu trabalho e seus avanços dentro da universidade. Kronecker tinha sido antes o mentor de Cantor, mas agora acreditava que o trabalho de Cantor não tinha significado e que os números transfinitos sobre os quais ele estava escrevendo não existiam.

A oposição veio da Igreja também, que julgou que seu trabalho desafiava a infinitude única de Deus. Essa oposição mais tarde tornou Cantor simpático particularmente para os estudantes jovens, os quais ele ajudou e encorajou diante de um sistema estabelecido e resistente. O trabalho de Cantor estabeleceu a teoria dos conjuntos como um ramo da matemática e lançou as bases para muitos dos desenvolvimentos em matemática no século 20.

x) não são a mesma coisa, os conjuntos $\{x, y\}$ e $\{y, x\}$ são idênticos.

Cantor definiu um conjunto como um agrupamento em uma entidade de objetos de qualquer tipo, embora cada objeto também retenha sua própria identidade. Para qualquer objeto x sua relação com um conjunto A é sempre que ele é membro ou não é membro do conjunto – mostrado da seguinte forma: $x \in A$ ou $x \notin A$.

A condição $x \in A$ é verdadeira somente se x satisfaz a condição da formula $S(x)$ que define membros do conjunto.

> *"Nos dias de hoje sabe-se que é possível, logicamente falando, derivar praticamente tudo o que se sabe de matemática a partir de uma única fonte, A Teoria dos Conjuntos."*
>
> Nicolas Bourbaki, 1939

BERTRAND RUSSELL (1872-1970)

Bertrand Russell foi um matemático e filósofo inglês, nascido em uma família aristocrática. Ele ficou órfão aos seis anos e foi criado pela avó, instruído em casa e isolado das outras crianças. Ele entrou para o Trinity College, em Cambridge, para aprender matemática, mas depois de algum tempo mudou para filosofia. Grande parte de seu trabalho filosófico foi sobre a filosofia da matemática.

Ele foi influenciado por Weierstrass, Dedekind e Cantor que queriam, todos eles, uma base formal e lógica para a matemática. Russel quis provar com o *Principia Mathematica* que a matemática não era nada mais do que lógica. No entanto, ele descobriu um paradoxo que ele não pode simplesmente resolver exceto redefinindo a base da lógica: um barbeiro diz que barbeia todos aqueles que não se barbeiam. Quem faz a barba do barbeiro? Os lógicos encontraram diferentes maneiras de adaptar a teoria dos conjuntos para tratar do paradoxo, que tenta tornar a definição de um conjunto mais restrita e precisa.

Este é o princípio da abstração. O princípio da extensão diz que um conjunto é definido por seus membros. O número de elementos em um conjunto é chamado de seu número cardinal – o conjunto {4, 5, 6} tem um número cardinal de 3. O número cardinal de um conjunto A é escrito como $\overline{\overline{A}}$. Qualquer subconjunto de um conjunto finito tem um número cardinal menor do que o do conjunto original. Se imaginarmos um conjunto de "todos os carros", há claramente menos membros no subconjunto "carros vermelhos".

Trabalhando com o Infinito Novamente

O conceito de equivalência – que dois conjuntos são equivalentes se eles tiverem o mesmo número de membros – não depende de os conjuntos serem finitos. Assim, o conjunto dos inteiros positivos e o conjunto dos inteiros negativos são infinitos, mas são conjuntos equivalentes, pois há um inteiro negativo correspondendo a cada inteiro positivo. Como Cantor rapidamente percebeu (e outros, incluindo Galileu haviam percebido antes dele), cada número natural pode ser elevado ao quadrado, assim há um conjunto infinito de números naturais e um conjunto infinito de seus quadrados. No entanto, os quadrados são um subconjunto do conjunto de números naturais. A conclusão de Galileu em 1638 tinha sido que os conceitos de "igual a", "maior que" e "menor que" não se aplicam ao infinito. Mas Cantor por outro lado, desenvolveu um conceito de números transfinitos que reconhecia diferentes tamanhos de infinito.

Axiomas Novamente

As tentativas de lidar com paradoxos no coração da teoria dos conjuntos levaram ao desenvolvimento da teoria axiomática dos conjuntos. Essa teoria pretende desenvolver axiomas para formar as regras básicas para a teoria dos conjuntos, muito semelhante à maneira como os axiomas de Euclides formam as regras básicas para a trigonometria. Vários conjuntos conflitantes de axiomas foram propostos, muito complexos para serem apresentados aqui. Os critérios básicos para axiomas estabelecem que eles deverão ser:

- consistentes: não deverá ser possível provar uma afirmação e seu oposto;
- plausíveis: eles deverão estar de acordo com as crenças gerais sobre conjuntos;
- capazes de produzir resultados para a teoria dos conjuntos de Cantor.

A teoria axiomática dos conjuntos é mais divorciada do mundo real do que a teoria dos conjuntos de Cantor (ou mais simples), já que ele não requer conhecimento do que são os conjuntos discutidos. Ela se concentra somente nas relações entre conjuntos e suas propriedades em uma maneira um tanto nebulosa que estimula os poucos matemáticos que ainda afirmam que a teoria dos conjuntos trata de ficções inexistentes.

A teoria dos conjuntos incluiu muitas áreas da matemática do século 20, mas ainda permanece em tumulto. A busca por axiomas aceitáveis lembra as dificuldades enfrentadas pelos geômetras tentando encontrar novos modelos e regras para geometrias não euclidianas, mas até agora está longe de ser resolvida.

Tudo se torna confuso

No centro da teoria dos conjuntos está a regra aparentemente simples de que um objeto é ou não é um membro de um conjunto. A fábula de Esopo sobre a tartaruga e a lebre, assim como o paradoxo de Zeno sobre Aquiles e a tartaruga, mostra um competidor rápido e um lento na disputa de um com o outro.

Tanto a lebre quanto a tartaruga são membros do conjunto "animais". A lebre é um membro do subconjunto "mamíferos"; a tartaruga é um membro do subconjunto "répteis". Agora suponha que tivéssemos um conjunto de "animais rápidos". Podemos dizer que a lebre é membro e que a tartaruga não é. Mas isto é um julgamento subjetivo e se apresenta como mais difícil com alguns outros animais. Que tal um cachorro – ele é um animal rápido? Ou uma cobra? Ou uma girafa? Temos a propensão de dizer que eles são de certa forma rápidos, ou muito rápidos. No entanto, a participação em um conjunto é binária – ou o animal é rápido ou não é. Isto é claramente um problema porque exige um ponto de transição absoluto que não é necessariamente satisfatório. Se dizemos que um animal que consegue correr a 20 km/h é rápido, então um animal que corre a 19,5 km/h não é rápido; a distinção começa a parecer tola.

Proporcionando a Imprecisão

Aristóteles identificou o problema do "meio excluído" – os objetos que podem ser classificados como nem uma coisa nem outra (um animal um pouco rápido, por exemplo). Mas os matemáticos não tinham uma maneira de lidar com o indeterminado, e esse território do meio permaneceu excluído até o século 20. Bertrand Russel, em seus paradoxos sobre o barbeiro que pode ou não pode se barbear e o conjunto que contém todos os conjuntos, destacou o problema novamente, mostrando que ele era uma contradição na teoria dos conjuntos.

Em 1920, o lógico polonês Jan Lukasiewicz formulou os princípios da lógica multivalor, na qual as afirmações podem assumir um valor fracionário de verdade entre 1 (totalmente verdadeiro) e 0 (totalmente falso). Em 1937, o filosofo Max Black aplicou lógica multivalor a conjuntos de objetos e gerou a primeira série de curvas "indistintas"; ele chamou esses conjuntos de "vago".

A partir dessas considerações, o matemático americano Lotfi Zadeh desenvolveu o conceito de lógica indefinida (*fuzzy logic*) e conjuntos indefinidos (*fuzzy sets*) em 1965. Esses conceitos proporcionam uma maneira de trabalhar com valores e categorias imprecisos. Há um desacordo sobre a validade e natureza da teoria *fuzzy*. Alguns matemáticos a veem como uma variação da teoria da probabilidade, que pode ser chamada de teoria da possibilidade; outros consideram a probabilidade como um caso especial de possibilidade na qual pode ser aplicada a certeza.

Contagem Indefinida (*Fuzzy Counting*)

A distinção que vimos antes entre contagem e medida trata do problema de coisas que não se classificam totalmente em um conjunto ou em outro. Em vez de um elemento pertencer ou não pertencer a um conjunto – uma distinção binária, com valores 0 (não é membro) ou 1 (é membro) – os *fuzzy sets* podem suportar graus de participação. A participação em um conjunto pode ter um valor entre (e incluindo) 0 e 1.

Assim, em um conjunto de animais rápidos, um leopardo pode ter um valor de participação igual a 1, Aquiles pode ter um valor 0,5, e uma tartaruga um valor de 0,1. Algo que não se mova de forma alguma, como um crustáceo, teria um valor de 0 e não seria membro do conjunto.

A teoria *fuzzy* usa termos de linguagem como "de certa forma", "bastante", e "muito". Assim um animal pode ser muito rápido, ou bastante rápido. Se o grau 0,6 de participação no conjunto de animais rápidos é chamado de "bastante rápido", o grau 0,8 pode ser chamado de "muito rápido". *Fuzziness* não está ligada a incerteza, mas sim com limites vagos entre categorias.

Os conjuntos *fuzzy* podem se sobrepor. Assim um animal pode ter grau 0,2 de participação no conjunto "animais rápidos" e grau 0,8 de participação no conjunto de "animais lentos". Combinando valores de mais de um conjunto, podem ser obtidas informações uteis que dão uma melhor descrição de uma situação ou objeto do que um valor binário absoluto pertence/não pertence de um conjunto convencional.

Uma parte, mas não toda, da matemática dos conjuntos convencionais se aplica a conjuntos *fuzzy*. Nos conjuntos *fuzzy*, um objeto pode ser um membro de dois conjuntos complementares (como animais lentos e animais rápidos), enquanto que na teoria convencional dos conjuntos isto não é possível. A única restrição é que seu valor total de participação para os dois conjuntos deve resultar em 1 (como por exemplo, 0,2 rápido e 0,8 lento).

Usando *Fuzziness*

A *fuzzy logic* é a aplicação de *fuzzy sets* à tomada de decisões e programas de computadores. Ela é usada em muitos sistemas de controle de engenharia para aproximar o julgamento humano e fazer a operação de um dispositivo se adaptar às condições predominantes. Ela é usada comumente em eletrônica de consumo, aparelhos domésticos e veículos. Uma câmera digital, por exemplo, usa sensores para determinar os níveis de luz e os objetos no visor que o fotógrafo provavelmente quer focalizar (detectando as bordas do objeto), depois ajusta o foco e a exposição corretamente.

Uma máquina de lavar determina as melhores características do ciclo de lavagem a partir da quantidade de roupa a lavar e quão suja ela está, por exemplo. Ela calculará as quantidades ótimas de sabão e água, a melhor temperatura e tempo necessários. O primeiro sistema controlado por *fuzzy logic* foi criado por Ebrahim Mmdani e Seto Assilian no Queen Mary College, em Londres no início da década de 70. Eles escreveram um conjunto de regras heurísticas para controlar a operação de uma pequena máquina de vapor e caldeira, depois usaram *fuzzy sets* para converter as regras em um algoritmo para controlar o sistema. O primeiro uso comercial de um *fuzzy system* foi para controlar uma fabrica de cimento em Copenhagen, Dinamarca em 1980. A exploração e uso da *fuzzy logic* aumentou muito na década de 80, especialmente no Japão.

A *fuzzy logic* não é usada apenas em controle, mas também em sistemas especializados, inteligência artificial e aplicações como reconhecimento de voz e *software* de processamento de imagem. Ela tenta minimizar a intervenção humana necessária em um sistema aproximando o julgamento humano. Para isso ela precisa de um especialista humano para definir as regras sob as quais serão baseados os julgamentos, mas os sistemas inteligentes podem então aperfeiçoar a si próprios aprendendo a partir dos ajustes que um operador faz nas configurações que o sistema escolhe. Em medicina diagnóstica, por exemplo, um *fuzzy system* pode examinar todos os sintomas relatados ou monitorados em um paciente e avaliar a possibilidade de diferentes diagnósticos baseado no grau segundo o qual o sintoma se apresenta. Um diagnóstico confirmado ou recusado pode então ser realimentado no sistema para melhorar seu desempenho futuro.

Conjuntos – *fuzzy* e clássicos – redefiniram a matemática para os séculos 20 e 21. De alguma forma, eles permitiram que a matemática se desligasse do mundo real. Teoria dos conjuntos de nível mais alto lida não com números ou objetos no mundo, mas com conceitos e relações entre conceitos. No entanto, para acomodar a imprecisão e contingência do mundo real, a teoria dos conjuntos, assim como os fractais, reconhece a "rugosidade" do mundo real e proporciona um modelo mais preciso (se mais confuso) da realidade do que a matemática de antigamente.

METRÔ DE SENDAI

Em 1988, a Hitachi produziu um sistema *fuzzy logic* para operar os trens do metrô em Sendai, no Japão. Os trens precisam apenas de um condutor, e não de um motorista. Os sistemas *fuzzy logic* controlam a aceleração, velocidade de cruzeiro e frenagem, levando em conta a segurança, conforto, eficiência do combustível e necessidade de parar exatamente nas posições determinadas (plataformas das estações).

CONTINUANDO

A teoria dos conjuntos lida com matemática muito distante dos números. Fazendo isso, ela se torna cada vez mais dependente da lógica. Embora pareça que a lógica esteve no centro da matemática desde o início – afinal, Euclides tentou derivar toda a geometria através de uma sequência de passos lógicos –, a aplicação da lógica não foi rigorosa nem examinada detalhadamente até o século 19. A teoria dos conjuntos, portanto, poderia ser aplicada ao desenvolvimento da lógica necessária para dar à matemática fundamentos sólidos.

CAPÍTULO 9

PROVANDO-O

Assim como ocorre no direito, tudo na matemática deve ser provado antes que possa ser aceito como verdadeiro. Mesmo os "fatos" mais ostensivamente óbvios não são aceitos como fatos a menos que um matemático possa fornecer uma rigorosa prova. Não é suficiente colocar uma maçã junto com outra maçã para provar que um mais um é igual a dois: deve ser provado que um mais um sempre é igual a dois, que não há casos em que um mais um possa ser um, ou zero, ou três, ou 1.743.

Muitas vezes, é muito mais difícil provar alguma coisa do que descobri-la e decidir que ela é quase certamente verdadeira. Às vezes, leva muitos séculos para que um teorema seja provado, como no caso do Último Teorema de Fermat. Mas é a prova que define um teorema – deve ser possível demonstrar sua verdade através de uma linha de raciocínio lógico a partir de axiomas e outros teoremas já provados.

O fato de que o sol sempre apareceu não é uma prova de que ele aparecerá amanhã.

Problemas e provas

Levou 20 anos para Jakob Bernoulli provar que jogando uma moeda um grande número de vezes daria um resultado próximo de 50:50 entre cara e coroa – embora como ele tenha destacado, o resultado é óbvio para qualquer um. Por que ele se importou? E por que levou tanto tempo?

Embora os antigos egípcios e babilônios estivessem contentes em trabalhar com exemplos específicos e problemas, os gregos preferiram teoremas e axiomas que podiam ser aplicados universalmente - eles precisavam de provas. Provar que uma ideia é verdadeira requer algum tipo de tratamento teórico lógico, pois não é possível experimentar todos os casos – por exemplo, para testar o teorema de Pitágoras para todos os triângulos retângulos possíveis.

Provas se destinam a encontrar relações úteis entre afirmações matemáticas e objetos. Por essa razão, mesmo teoremas que já foram adequadamente provados no passado – como o teorema de Pitágoras – podem ser provados novamente, abrindo novos caminhos para a exploração. Com o tempo, são descobertas provas mais simples e as provas antigas, geralmente inconvenientes, podem ser substituídas.

Muitos desenvolvimentos em matemática surgem como resultado de pessoas testando ou tentando provar teoremas e axiomas e mesmo duvidando de crenças mantidas por longo tempo. A disputa sobre o quinto postulado de Euclides, por exemplo, foi o estímulo para grande parte do progresso feito na geometria e finalmente para o surgimento de novas geometrias não euclideanas no século 19.

> *"Ninguém culpa um matemático se a primeira prova de um novo teorema for grosseira."*
> Paul Erdös

> *"Cada problema que eu resolvi tornou-se uma regra que serviu depois para resolver outros problemas."*
> René Descartes

O rigor na prova matemática aumentou no fim do século 19 quando a matemática e a lógica se juntaram. Uma notação sistemática para lógica passou a ser usada pelos matemáticos e alguns filósofos. O desenvolvimento da teoria dos conjuntos necessitava de um método para representar relações lógicas de uma maneira que pudesse lidar com conceitos que não necessariamente envolviam números. A teoria dos conjuntos até se tornou um meio útil para demonstrar teoremas matemáticos.

Provas Inacreditáveis

Um famoso teorema que produz uma prova que muitas pessoas acham difícil de aceitar é o paradoxo de Monty Hall. Seu nome veio de um programa da TV americana e é assim:

> *Suponha que o apresentador do programa lhe mostre três portas. Atrás de duas delas há um bode; atrás da terceira há um carro. O apresentador o convida a escolher uma porta. Você aponta a porta escolhida e ele então abre outra porta, aparecendo um bode, e lhe dá a chance de mudar a sua escolha. As suas chances de ganhar aumentarão se você mudar de porta? (O problema supõe que você quer um carro e não um bode).*

Muitas pessoas dizem que suas chances de ganhar um carro não são afetadas se mudar de porta. Os matemáticos dizem que a chance de ganhar o carro é aumentada se você mudar a porta: você tinha 1 chance em 3 de ganhar o carro, e isso não é afetado quando se abre outra porta; a chance de você fazer a escolha correta ainda é 1 em 3. Se você mudar a porta, estará fazendo outra escolha, onde as chances são 1 em 2. Mudando a porta você terá um carro 50 por cento do tempo, mas ficando com a mesma porta você terá um carro apenas 33 por cento das vezes. A lógica é mais fácil de seguir se você pensar em 1.000 portas com bodes atrás de 999 delas. Suas chances de escolher a porta com o carro na primeira vez são 1 em 1.000. Depois de remover 998 bodes e deixá-los soltos, há 1 em 2 chances de você abrir a porta que tem o carro.

A objeção óbvia aqui é que deve haver também 1 em 2 chances de que atrás da porta original haja um carro, já que a soma das probabilidades deve dar 1. O segredo é que o problema não é aquilo que parece ser. A sua escolha é aleatória, mas o apresentador *sabe* onde está o carro. Se o apresentador abrisse as portas aleatoriamente, coincidentemente escolhendo aquelas que escondem bodes, a chance de encontrar um carro no fim seria a mesma chance de encontrar um bode, independente de você mudar de porta.

A prova desse problema usa notação matemática para mostrar probabilidades e a divide em pequenos passos lógicos que dependem uns dos outros. É assim que os matemáticos agora demonstram a verdade. Mas nem sempre foi assim.

As Primeiras Provas

As provas matemáticas mais antigas parecem ter sido fornecidas por Thales. A tradição afirma que Thales provou que os ângulos na base de um triângulo isósceles são iguais, que o diâmetro corta o círculo em duas partes iguais, que os ângulos opostos formados por duas linhas que se intersectam são iguais e que dois triângulos são idênticos se quaisquer dois ângulos forem idênticos e um lado for igual. Como nenhuma das obras de Thales sobreviveu, é impossível dizer se ele realmente produziu provas rigorosas desses teoremas. Aproximadamente 50 anos depois, Pitágoras pode ter provado o teorema para triângulos retângulos que leva seu nome.

Desde os tempos de Thales e Pitágoras, a base da prova em matemática tem sido derivar definições mais complicadas a partir de fatos que são aparentemente mais simples (embora possam não ser realmente mais simples). Geralmente, qualquer coisa em geometria que possa ser demonstrada em passos claros e lógicos a partir dos postulados de Euclides é considerada como provada, por exemplo. Mas isso não significa que uma nova ideia é deduzida primeiro a partir de fatos existentes.

Os matemáticos muitas vezes têm a ideia primeiro – talvez como uma intuição, ou alguma coisa sugerida pelos resultados de um experimento ou uma exploração – e então se

PROVA DEDUTIVA DE QUE 1 = 2

Seja a = b. Assim segue que:

$a^2 = ab$
$a^2 + a^2 = a^2 + ab$
$2a^2 = a^2 + ab$
$2a^2 - 2ab = a^2 + ab - 2ab$
$2a^2 - 2ab = a^2 - ab$

Isto pode ser escrito como

$2(a^2 - ab) = 1(a^2 - ab)$

Dividindo ambos os lados por $a^2 - ab$ temos:

$2 = 1$

voltam para os fatos conhecidos para prová-la. Algumas vezes, uma tentativa de encontrar a prova refuta a nova teoria e ela deve ser rejeitada. Às vezes, encontrar uma prova parece ser um problema impossível e o teorema permanece sem prova – por centenas de anos em alguns casos.

Prova por Dedução

A prova por dedução funciona em pequenos passos para deduzir novas verdades a partir de verdades conhecidas. Por exemplo, se dizemos, "Humanos são mamíferos" e "Pedro é um humano" podemos então dizer, "Pedro é um mamífero". A dedução não é completamente confiável, mesmo quando as afirmações iniciais são genuinamente verdadeiras, já que o raciocínio pode não ser válido. Assim podemos dizer, "Humanos são mamíferos" e "Pedro é um mamífero", portanto "Pedro é um humano" –, mas as primeiras afirmações seriam verdadeiras também se Pedro fosse um cachorro, um hamster ou qualquer outro mamífero. A prova por dedução foi usada extensivamente pelos antigos gregos e pelos matemáticos medievais. Atribui-se a Parmenides a primeira prova por dedução no século 5 a.C. Os matemáticos modernos aceitam a prova por dedução desde que ela seja suficientemente rigorosa.

Prova Indireta

Outro método de prova que se originou dos gregos, mas foi refinada e definida mais rigorosamente muito mais tarde, é a prova indireta. Há vários tipos de prova indireta, incluindo a prova por contradição e a prova por *reductio ad absurdum* (prova por absurdo). A prova por contradição pretende provar uma afirmação que é verdadeira mostrando que a afirmação oposta não é verdadeira. A *prova por absurdo* pretende provar uma afirmação que é verdadeira usando-a para provar que não é verdadeira alguma coisa que é conhecida como verdadeira (produzindo assim um resultado absurdo). A prova de Hipasus sobre a existência dos números irracionais era uma prova indireta e é a mais antiga conhecida.

Prova por Indução

O modelo grego de prova foi adotado pelos matemáticos árabes e copiado deles durante a Idade Média pelos primeiros estudantes europeus. Mas em 1575 surgiu um novo modelo; em sua obra *Arithmeticorum Libri Duo* Francesco Maurolico (1494-1575) deu uma primeira descrição

TODOS OS CAVALOS SÃO DA MESMA COR

O matemático húngaro George Pólya (1887-1985) usou prova por indução para mostrar que todos os cavalos são da mesma cor. O caso para n = 1 (um cavalo) é óbvio – um cavalo só pode ter a cor dele próprio. Agora suponha que a teoria seja correta para n = m cavalos. Temos um conjunto de m cavalos, todos da mesma cor (1, 2, 3, ... m). Há um segundo conjunto de (m + 1) cavalos (1, 2, 3, ... m + 1). Tiramos um cavalo desse segundo conjunto, de forma que ele passa a conter (2, 3, ... m + 1). Os dois conjuntos se sobrepõem; esse segundo conjunto é um conjunto de m cavalos, que sabemos que é um conjunto de cavalos da mesma cor. Pelo princípio da indução, podemos continuar isso para todos os demais cavalos, portanto todos os cavalos são da mesma cor.

Naturalmente, esse argumento é invalido já que a afirmação não é verdadeira. O ponto crucial é que quando n = 2 a afirmação não é verdadeira: para esse valor, os conjuntos não se sobrepõem (o primeiro contém apenas o cavalo 1, o segundo contém apenas o cavalo 2).

DAVID HILBERT (1862-1943)

David Hilbert é considerado um dos matemáticos mais influentes dos séculos 19 e 20. Ele nasceu no leste da Prússia, uma área que agora faz parte da Rússia. Quando era estudante, ele encontrou Hermann Minkowski e os dois foram amigos pela vida toda, trocando ideias matemáticas entre si.

Hilbert trabalhou em vários campos, mas é mais conhecido por suas contribuições à axiomização da matemática. Ele começou como matemático puro e, quando voltou sua atenção para a física por volta de 1912, ficou horrorizado com o que ele considerou a abordagem deficiente da matemática adotada por muitos físicos. Hilbert também descobriu um espaço conceitual que tinha dimensões infinitas (chamado de espaço de Hilbert). Ele e seus estudantes contribuíram para a matemática com base na Teoria da Relatividade de Einstein e na mecânica quântica.

da indução matemática. Aspectos do método podem ser encontrados em trabalhos anteriores de Bhaskara e al-Karaji (c.1000 d.C.). A prova por indução foi desenvolvida também independentemente por Levi ben Gerson (1288-1344), Jakob Bernoulli, Blaise Pascal e Pierre de Fermat.

A prova por indução funciona mostrando primeiramente que uma hipótese é verdadeira para um primeiro valor (geralmente n = 1), depois se ela é verdadeira para qualquer outro valor (n = m), deve ser verdadeira também para n = m + 1. Como ela é verdadeira para n = 1, é verdadeira, portanto, para n = 2, para n = 3, e assim por diante – isto é, para todos os valores de n.

É mais ou menos como uma fila de dominós colocados de pé e igualmente espaçados de forma que se um deles cai, baterá no próximo. Se derrubarmos o primeiro dominó ele derruba o próximo e isso continua até que todos caiam.

Maurolico usou a prova por indução para demonstrar que a soma dos primeiros n inteiros ímpares é n^2:

$$1 + 3 + 5 + 7 + 9 + ... + (2n - 1) = n^2$$

Fazendo Perguntas

Com o aparecimento do cálculo, dos números complexos e depois as geometrias euclidianas, cada vez mais eram necessárias provas.

A objeção de Berkeley ao cálculo que lidava com “fantasmas de valores” foi um estímulo para maior rigor, não apenas na definição de valores e conceitos com os quais os matemáticos estavam trabalhando, mas no fornecimento de provas.

IGNORÂNCIA IGUAL A SABEDORIA

Em 1945, um garoto da oitava série participando de uma olimpíada de matemática na Rússia ganhou o primeiro prêmio apesar de não ter resolvido nenhum problema. O prêmio foi concedido com base em uma observação que ele fez sobre uma prova não concluída:

"Eu passei muito tempo tentando provar que uma linha reta não pode interceptar três lados de um triângulo em seus pontos interiores, mas não consegui porque, para minha decepção, eu percebi que não tenho nenhuma noção do que é uma linha reta."

Mas foi no século 19 que houve a grande revolução na prova matemática quando novos métodos de lógica foram desenvolvidos e as pessoas tentaram pela primeira vez aplicar lógica formal à matemática. Isso requeria a reavaliação da base da matemática juntamente com a filosofia. Os matemáticos, sentindo-se inseguros pelas recentes descobertas que colocaram em dúvida verdades há muito tempo aceitas, procuravam novas provas e questionavam até mesmo as ideias mais fundamentais em que se baseava sua disciplina. De repente, nada podia ser tomado como certo.

Sendo lógico

No fim do século 19 e início do século 20, havia um grande interesse na aplicação da lógica à matemática ou mais precisamente, a derivação da matemática a partir da lógica. Isso foi o resultado das rápidas mudanças na matemática e suas aplicações, e as críticas sobre seu rigor e validade.

A prova na matemática é apenas parte do tópico maior da lógica que desenvolveu e cresceu desde os tempos dos antigos gregos. O autor mais antigo e rigoroso sobre lógica, Platão, morreu em 347 ou 348 a.C.

Platão apresenta seus trabalhos filosóficos na forma de diálogos, ou conversações, entre filósofos. Esses diálogos são como que argumentos, com cada participante expondo seu caso em uma série de declarações que seu oponente então refuta e ele defende. Os argumentos tornam-se cada vez mais complexos na medida em que o assunto é discutido mais rigorosamente. Esse método, chamado de dialética, formou o modelo para o debate lógico até a Idade Média. Embora a lógica fosse um assunto de grande interesse para os estudantes medievais, eles não pensaram em aplicá-la à matemática. Foram necessários mais de 2.000 anos para que a lógica e a matemática se unissem adequadamente.

A Matemática se Torna Lógica

Um dos primeiros a abordar o assunto foi o matemático italiano Giuseppe Peano (1858-1932). Ele queria desenvolver toda a matemática a partir de proposições fundamentais usando lógica formal. Ele desenvolveu uma notação lógica, mas também uma linguagem internacional híbrida que ele esperava que fosse usada para o ensino. Chamada de Interlíngua, ela tinha um vocabulário em latim, francês, alemão e inglês, mas usava uma gramática muito simples. O uso dessa gramática retardou a aceitação de seu trabalho matemático.

A grande descoberta na relação da matemática com a lógica veio com o trabalho do lógico e matemático alemão Gottlob Frege (1848-1925), que tem sido chamado muitas vezes de maior lógico desde Aristóteles. Ele propôs provar que toda a aritmética podia ser derivada logicamente a partir de um conjunto de axiomas básicos e ele é essencialmente o fundador da lógica matemática.

Ele descobriu uma maneira de representar a lógica usando variáveis e funções.

Uma Pesquisa por Novos Axiomas

O matemático alemão David Hilbert lançou as bases para o movimento formalista que cresceu no século 20, requerendo que toda a matemática dependeria de axiomas fundamentais a partir do qual tudo o mais pode ser provado. Ele requeria que qualquer sistema fosse completo e consistente, incapaz de gerar qualquer contradição pela aplicação de seus axiomas. Ele mesmo reformulou os axiomas de Euclides como primeiro passo na tentativa de encontrar essa base axiomática sem defeitos para a matemática. Hilbert propôs 23 problemas que ainda estavam para ser resolvidos em 1900. Isso efetivamente definiu a agenda para os matemáticos do século 20.

O mais importante dos problemas de Hilbert para o desenvolvimento da lógica na matemática é o segundo. Ele propõe que é necessário definir um sistema de axiomas "que contenha uma descrição exata e completa" das relações entre ideias básicas e requeira "que não sejam contraditórios, isto é, que um número definido de passos lógicos baseados neles nunca possa levar a resultados contraditórios". Particularmente, isto era visto como um apelo para que os axiomas provassem o básico da aritmética de Peano.

Respondendo ao apelo de Hilbert por uma base axiomática para toda a matemática, Bertrand Russel e Alfred North Whitehead publicaram os três volumes de *Principia Mathematica* em 1910-13. Adotando ambiciosamente o mesmo título do trabalho original de Newton, o livro pretende derivar toda a matemática a partir de um conjunto de axiomas básicos usando a lógica simbólica definida por Frege. Ele abrange somente teoria dos conjuntos, números cardinais, números ordinais e números reais. Havia planos de outro volume sobre geometria, mas foi abandonado porque os autores estavam cansados do trabalho. Após uma boa introdução no trabalho, Russel descobriu que grande parte do mesmo assunto tinha sido apresentada por Frege e ele acrescentou um apêndice destacando as diferenças e reconhecendo a publicação anterior de Frege.

O teste do *Principia* consistia em definir se ele era completo e consistente nos termos de Hibert – poderia ser encontrada uma definição matemática que não podia ser provada ou recusada pelos métodos do *Principia*, e podiam ser produzidas quaisquer contradições usando seus axiomas?

Mudando os Objetivos

Antes que o *Principia* tivesse uma chance de passar pelo teste do tempo, as questões básicas foram resolvidas pelo matemático alemão Kurt Gödel. Ele produziu dois "teoremas da imperfeição" (1931) que trata da proposta de Hilbert para a axiomatização da matemática.

O primeiro dizia que não podia haver um conjunto completo e consistente de axiomas, já que para cada sistema lógico suficientemente poderoso há sempre uma afirmação G que diz essencialmente, "A afirmação G não pode ser provada". Se G é provável, então ela é falsa e o sistema é inconsistente. Se G não pode ser provada, então ela é verdadeira e o sistema é incompleto. O segundo teorema diz que a aritmética básica não pode ser usada para provar suas próprias afirmações e, por extensão, não pode ser usada para provar qualquer coisa mais complexa também.

Lógica e Computadores

Durante o século 20, o desenvolvimento dos computadores proporcionou à lógica e à matemática um campo próprio. Os programas de computadores usam sequências lógicas para executar cálculos. Essa é a base de todas as aplicações de computadores, mesmo aquelas que parecem não ter qualquer semelhança com a matemática para o usuário, como a animação, produção de música, e processamento de imagem. Os computadores podem também ser usados para testar teoremas. Eles podem produzir uma prova por exaustão – que envolve experimentar todos os possíveis valores – tarefa que um ser humano não poderia realizar. Há também programas de computador para criar provas por outros métodos.

O programa Vampire, desenvolvido na Universidade de Manchester por Andrei Voronkov, ganhou o "campeonato mundial de provadores de teoremas" seis vezes (1999, 2001-05). Talvez tenha chagado a época em que os computadores, com sua lógica impecável, assumam o papel dos matemáticos humanos na aplicação da lógica à matemática, ou na sua relação com a matemática.

Sobre o que estávamos falando?

Em nenhuma parte deste livro paramos para perguntar o que *é* a matemática ou se realmente ela "é" alguma coisa. Isto pode parecer um considerável descuido. Mas no todo, a matemática apoia-se na humanidade, criou-se sem nenhuma apresentação e nos encorajou a construir nosso edifício cultural ao redor dela. Não houve nenhuma situação em que fosse sensato perguntar o que ela era afinal.

"Para qualquer teoria consistente formal, numericamente calculável que prove verdades aritméticas básicas, pode ser construída uma afirmação aritmética que é verdadeira, mas não provável na teoria. Isto é, qualquer teoria efetivamente gerada capaz de expressar aritmética elementar não pode ser consistente e completa."

Kurt Gödel, 1931

No começo do século 20, os matemáticos passaram às questões fundamentais sobre sua verdadeira natureza. Uma questão central pode ser resumida da seguinte maneira: "A matemática foi descoberta ou inventada?". Há três posições principais. Uma visão realista platonista, como a de Kurt Gödel, afirma que as leis da matemática estão em todo lugar, verdadeiras e imutáveis, como as leis da natureza. Os matemáticos as descobrem, elas são pré-existentes. Uma visão formalista, como aquela de David Hibert, diz que a matemática é uma codificação, uma linguagem ou mesmo um jogo no qual teoremas são criados sobre axiomas através de demonstração lógica. Não há uma razão especial para preferir um conjunto de axiomas e não outro se ambos parecem ser verdadeiros. Essa visão estava ligada aos teoremas da imperfeição de Gödel que mostraram que nenhum conjunto de axiomas podia ser inteiramente completo e consistente. Finalmente, a visão percepcionista sustenta que a matemática é inteiramente um produto da mente humana, construído para explicar o mundo que nos rodeia não tendo existência ou validade fora da cultura humana.

Essa visão era atestada pelo matemático holandês L. E. J. Brouwer (1881-1966), e ele foi ridicularizado e perseguido sem piedade por isso (não menos por Hilbert).

Durante os últimos cem anos, a questão do fundamento da matemática não foi respondida, mas saiu um pouco de evidência. O ponto de vista formalista de Hilbert sofreu com a investida da teoria da imperfeição, embora a lógica e os axiomas ainda permaneçam no centro da matemática da forma como ela é praticada. Uma visão mais moderna é a visão empírica promovida por W. V. Quine (1908-2000) e Hilary Putnam (nascida em 1926). Eles afirmam que a existência dos números e outras entidades matemáticas pode ser deduzida da observação do mundo real. Ela está relacionada com o realismo, mas é mais baseada na realidade e cultura humana.

A visão de Quine é de que a matemática parece ser "verdadeira" porque toda a nossa experiência e ciência é tecida ao redor dela e parece apoiá-la. Seria muito difícil reconstruir nosso modelo do universo sem a matemática.

Se a última sentença soa como um desafio, é um desafio que foi aceito pelo filósofo americano Hartry Field (nascido em 1946). Nos anos 80, ele propôs que as afirmações matemáticas são todas imaginárias e que a ciência pode ser criada sem a matemática.

De acordo com sua doutrina do imaginário, as afirmações matemáticas são dispositivos de estruturação úteis, mas não deverão ser aceitos como literalmente verdadeiros. E por que iríamos nós "ajustar" a matemática? Uma resposta é que a estrutura da mente humana a torna inevitável. A teoria das mentes personificadas é baseada na psicologia cognitiva; ela foi desenvolvida para a matemática pelo linguista cognitivo americano George Lakoff e pelo psicólogo Rafael Núñez. O argumento deles, expresso no livro *Where Mathematics Comes From* (2000), é que a estrutura do cérebro humano e a maneira como nossos corpos operam no mundo tem definido a maneira como desenvolvemos a matemática. Como não podemos nos separar de nossos cérebros para examinar o universo sem que nosso processo cognitivo esteja no caminho, não seremos capazes de dizer se a matemática tem qualquer existência fora da cultura humana.

> *"A matemática pode ou não estar lá no mundo, mas não há uma maneira de dizermos isso cientificamente."*
>
> George Lakoff, 2001

Muitos matemáticos discordam de Lakoff e Núñez, e das propostas de todas as outras ideias descritas aqui, e sem dúvida vão discutir o caso ainda por muitas décadas ou séculos. A questão sobre seus fundamentos tem pouco impacto sobre o nosso uso diário da matemática. Vamos continuar fazendo nossos jogos na loteria, construindo aviões, procurando vida no espaço e nos garantindo contra catástrofes, sem saber se a matemática é de alguma forma "real" e "está por aí", assim como os egípcios construíram suas pirâmides e os incas contavam suas lhamas sem se importar com o que estavam fazendo.

GLOSSÁRIO

algorista – é alguém que calcula usando o sistema numérico hindu-arábico para executar aritmética em vez de usar um ábaco.

algoritmo – é uma regra para executar um cálculo.

axioma – é uma lei básica autoevidente e que não requer prova.

base – é a base de um sistema de contagem; a base é aquele número até onde se conta antes de mudar para a próxima posição (para as dezenas, centenas, etc.).

binário – é um sistema de contagem que tem somente dois dígitos, 1 e 0 (base 2).

cálculo – é o ramo da matemática ligado ao cálculo da soma de quantidades infinitesimais para aproximar a área sob uma curva ou a taxa de mudança de uma curva.

cálculo diferencial (diferenciação) – é o método para calcular a inclinação de uma curva em um ponto em particular.

cálculo integral (integração) – é o método para se calcular a área sob uma curva por aproximação da soma de um grande número de fatias infinitamente finas da área.

coeficiente – é uma constante ou número pelo qual uma variável é multiplicada em uma expressão algébrica.

coeficientes binomiais – é a sequência de coeficientes usados com variáveis quando uma expressão binomial é expandida.

comensurável – (ou mais de uma quantidade) que pode ser medida ou comparada a uma seção cônica – uma curva produzida cortando uma seção através de um cone.

cônicas – é a família de curvas produzidas cortando-se através de um cone, ou o estudo dessas curvas.

conjectura – é um teorema não provado.

conjunto – grupo de entidades relacionadas.

corda – é uma linha reta que une as extremidades de um arco (uma parte da circunferência de um círculo).

coseno – é a relação entre o lado adjacente a um ângulo e a hipotenusa em um triângulo retângulo.

cotangente – é a relação entre o lado adjacente a um ângulo e o lado oposto ao ângulo em um triângulo retângulo.

equação diofantina – é uma equação na qual todos os números envolvidos são números inteiros.

equação polinomial – é uma equação que envolve potências não nulas de uma variável (por exemplo, $x^2 + 4x + 1 = 0$).

equação quadrática – é uma equação da forma $ax^2 + bx + c = 0$.

fração decimal – é um número no qual as partes decimais são expressas como decimal (mostrando décimos, centésimos, milésimos, etc.).

fractal – é uma curva ou outra figura que repete seu padrão geral ou forma em partes que vão constantemente reduzindo de tamanho, de forma que uma parte da figura quando ampliada se parece com a figura inteira.

função – é uma expressão matemática com uma ou mais variáveis.

geometria algébrica – é a geometria que usa equações algébricas e expressões.

geometria analítica – é a geometria usando coordenadas.

geometria hiperbólica – é a geometria que trata de formas traçadas sobre superfícies curvas.

geometria perspectiva – é o estudo de como as figuras tridimensionais aparecem e podem ser representadas em duas dimensões.

geometrias Riemann – são as geometrias de superfícies que não seguem as regras padrão da geometria planar tradicional.

hipérbole – é uma curva produzida quando se faz um corte através de um cone com um plano com um ângulo menor em seu eixo do que no lado do cone.

incomensurável – (de mais de uma quantidade) não é possível ser comparada ou medida pelo mesmo padrão.

infinitesimal – valor muito pequeno, tendendo para zero.

integral – é o produto da integração.

limite – é o menor ou maior valor no qual uma função será calculada.

logaritmo – é a potência à qual um número base (usualmente 10 ou e) deve ser elevado para resultar em um número especificado.

número imaginário – é um número que envolve a raiz quadrada de -1.

número irracional – é um número que não pode ser expresso como a razão entre dois números inteiros.

número racional – é um número que pode ser expresso como uma relação de dois números inteiros.

número real – é qualquer número positivo ou negativo que não envolva a raiz quadrada de -1.

números transfinitos – são os números que se relacionam com infinitos de diferentes magnitudes; assim o número infinito de números inteiros é menor do que o número infinito de números reais.

óptica – é o estudo das lentes, visão e luz.

parábola – é uma curva produzida cortando-se um cone segundo um plano paralelo ao lado do cone.

perpendicular – em ângulo reto em relação a alguma coisa.

postulado paralelo – é o quinto postulado de Euclides, que define a condição que deve ser satisfeita para que duas linhas não sejam paralelas (e invertendo o postulado temos a condição para que duas linhas sejam paralelas).

quinário – base 5.

seno – é a relação entre o lado oposto de um ângulo e a hipotenusa em um triângulo retângulo.

sexagesimal – base 60.

tangente – é a relação entre o lado oposto de um ângulo e o lado adjacente ao ângulo em um triângulo retângulo.

teorema – é a definição de uma regra não autoevidente, mas que pode ser provada por etapas lógicas.

topologia – é o estudo das propriedades geométricas que não são afetadas por alterações da forma ou tamanho.

triangulação – é o procedimento para se medir ou mapear a superfície dividindo-a em triângulos e calculando distâncias e ângulos.

trigonometria esférica – é o estudo dos triângulos desenhados sobre a superfície de uma esfera.

ÍNDICE